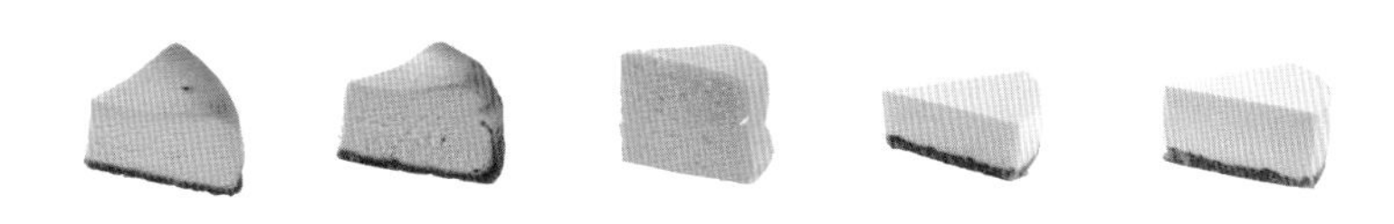

搅一搅菜鸟也能做出
美味无比的绵软芝士蛋糕

我爱芝士蛋糕

（日）大森行子　著

张　倩
李　瀛　译

辽宁科学技术出版社
沈　阳

作者简介

大森行子

作者非常重视糕点手工制作的季节感，她的糕点充满爱心，她的配方和制作方法简单，但是制作的成品却美味可口。作者介绍的制作方法同样也注重细节的处理和把握。另外，作者擅长利用季节性食材做出健康、美味、漂亮的糕点，颇受大众好评。作者撰写了多部著作并拥有众多粉丝。

CONTENTS
目 录

半熟芝士蛋糕…61

使用本书时

*1小茶匙为5ml，1大茶匙为15ml，1烧杯为200ml。
*各原料用量采用容易测量的单位表述。
*黄油使用无盐类型，鸡蛋使用大号。
*烤箱温度和时间有时因机型不同会有所差别。熟知自家烤箱特性，可根据蛋糕状态烘焙。
*微波炉的加热时间均以600W功率为准。

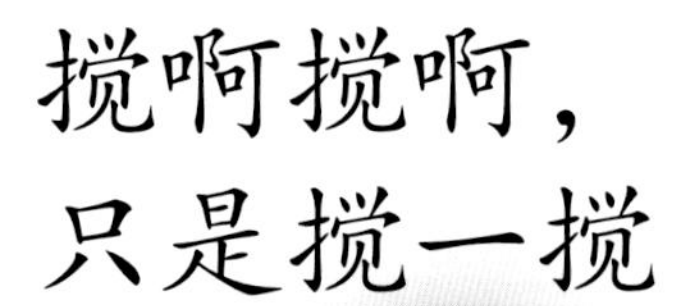

搅啊搅啊，只是搅一搅

老少咸宜的芝士蛋糕，把原料搅啊搅的，竟然就这么做好了。只要有奶油奶酪，把冰箱里的材料加进去就OK了，十分简单易学。而烘焙方法和原料的不同搭配也会带来别样的味觉和视觉上的享受，这也是其魅力所在。菜鸟也能做得有模有样，也能品尝地道美味。这种蛋糕朴实无华，人见人爱。

本书包括了作者的许多独家秘诀，保证您独自面对操作台也能不假思索地搞定一切。

材料用量的设定是以计量简单、一次用完为标准的，而且尽量选用不易失败的制作方法。此外，为使蛋糕一次吃完，本书蛋糕均采用15cm的圆模和18cm的长条磅蛋糕模具。

总之，让我们先按照书中方法做做看吧。之后再调换搭配时令水果、奶油奶酪之类的加以创新，发掘属于自己的芝士蛋糕吧。

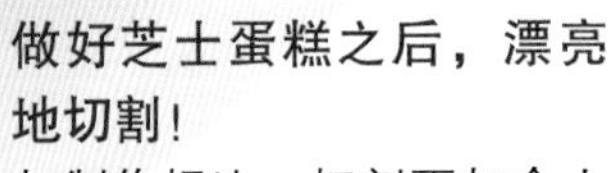

做好芝士蛋糕之后，漂亮地切割！

与制作相比，切割更加令人紧张。正因为是好不容易制作的蛋糕，所以在最后切割的时候更要细心。为了很好地切割，要把刀用热水烫后，擦拭干净，使刀刃全体对准点心，前后轻微移动，慢慢切割，每切割一次，均要擦拭刀口的脏处，重复上面用热水烫的步骤。分拣的时候用切割刀或调色刀插入点心底部，轻轻取出。

吃不完的蛋糕要注意保存。

芝士蛋糕的保质期，在冰箱中，干酪蛋糕是3天，轻熟芝士是2天。

为了防止干燥或串味，要用保鲜膜包好，在放入密封的袋中，置于冰箱内保存。如果常温保存，就要如图所示，将适合糕点尺寸的封闭容器倒置使用。冷冻可以保存一个月，但是风味会稍微流失，食用时冰箱冷藏解冻。

本书介绍
5种芝士蛋糕

烤

烘焙芝士蛋糕

拥有酸甜适中口味
中规中矩的蛋糕

烤箱中烘焙，当中的水分充分蒸发后即可。烤好后，中央凹陷，颜色焦黄。

纽约芝士蛋糕

拥有醇厚绵软口感
香浓可口的蛋糕

蒸烤方法制成，口感醇厚。酸奶油是其点睛一笔。烤好后表皮微黄。

蛋奶酥芝士蛋糕

拥有膨松轻柔口感
瞬间融化的蛋糕

膨松轻柔。烤好后颜色淡如蛋黄。

冷藏

半熟芝士蛋糕

酸爽、丝滑口感

材料搅好后加鱼胶粉凝固即可。很简单，但口感爽滑细腻，入口即化。

慕斯半熟芝士蛋糕

膨松轻柔的味觉享受

因其含发好的泡，所以口感松软，轻柔醇香，入口即化。

两种蛋糕模

本书使用两种蛋糕模：一是直径为15cm的圆模，一是长18cm的磅蛋糕模。
另外，告诉大家，本书所有的蛋糕都可以用圆模做出来哟！

圆模

直径15cm×高6cm，活底型

蛋奶酥和半熟芝士蛋糕这种无法翻面脱模的蛋糕需要用活底型蛋糕模。材质不限，个人推荐不易烤焦、耐酸的不粘材质。

磅蛋糕模

宽8cm×高6.5cm×长18cm

磅蛋糕专用模。尺寸和材质任选。本书使用的是易脱模的质地、厚些的不粘模具。

模具的预先处理

为使蛋糕能迅速脱模，预先铺上一层烤盘纸。
烤盘纸要按照模具大小剪裁

圆模

底部根据活底的尺寸剪裁。四周将纸围成圈，需要留出5cm长作为重合。剪一条比糕模高1cm左右，即52cm×7cm的纸带。

*烤制蛋奶酥时剪一条比蛋糕模高10cm，即52cm×16cm的纸带。

蛋糕模内侧轻涂一层黄油，把剪好的烤盘纸贴在上面，不留缝隙。重合部分事先用黄油接好。

*半熟芝士蛋糕只铺底部即可。

磅蛋糕模

将模倒扣后，烤盘纸抵住模的底边和侧面，做出折痕。剪去多余部分，四角一一剪开。

将剪好的纸贴在涂好黄油的模上，四角重叠，不留缝隙。重叠部分用黄油接好。

无需特殊工具

制作芝士蛋糕所用工具满足点心制作的最低要求即可。
以下介绍本书所用工具。

1. 电子秤
精确到以克为单位的电子秤。最好有容器称重后自动归零的扣重功能。

2. 量勺
盛满粉末后刮平。

☆量杯（200ml）
最好选可微波炉加热的玻璃制品。

3. 烤盘纸
因表面光滑不易粘蛋糕，便于脱模。

4. 打蛋器
长度在27~30cm较为顺手，钢丝既有弹力，又扎得非常结实。

5. 刮刀
建议使用耐热卫生的一体型硅胶制品。

6. 迷你刮刀
面坯和酱汁不多的时候用它来搅、盛、运，十分便捷。

7. 木质刮刀
大力搅拌时或过筛时使用。但由于本身极容易沾上食材的气味，因此使用后要洗净晾干。

8. 筛网
照片中为滤水、防油迸溅用的厨房筛网。能搭在搅拌盆上的万能筛网也可以。

9. 茶叶过滤网（简称茶滤）
过滤少量水果或撒粉时，这不起眼的东西能派上大用场。

10. 竹签
用来戳破面糊的气泡。牙签或筷子也可。

11. 耐热容器
隔水烘焙时，蛋糕模四周都是热水。照片中为布丁蛋糕杯。法式铸铁小锅或耐热的玻璃杯皆可。

12. 蛋糕抹刀
用于蛋糕脱模、涂抹奶油、移到盘子里等工序。可替代小刀。

13. 蛋糕晾架
用于晾凉出炉的蛋糕，使其蒸汽挥发的金属网架。也可使用烤箱自带的网架。

搅拌盆
备齐大（口径约26cm）、中（口径约22cm）、小（口径约15cm）各一只。建议使用轻便结实、导热效果好的不锈钢材质，或是耐用且可在微波炉加热的耐高温玻璃制的搅拌盆。

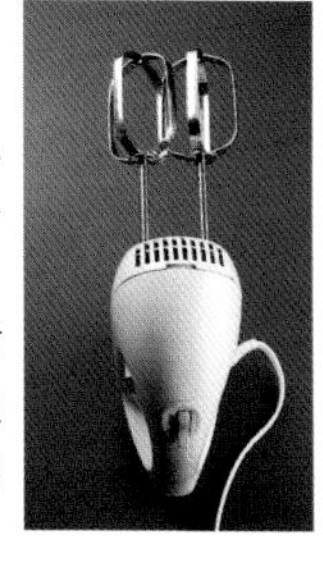

电动打蛋器
主要用于蛋奶酥的制作。选择有低、中、高档、可调节转速的类型。

裱花袋和裱花嘴
裱花袋选用长度在25~30cm，便于操作。一次性裱花袋既卫生又方便。裱花嘴从裱花袋内侧安装后使用。

成功小秘诀

如何把芝士蛋糕做得更美味呢？本书将成功小秘诀总结如下。
如果您不想失败，就一定要看看喽！

认真阅读制作过程

首先要把制作过程通读，掌握制作工序。如果能把全部流程理解透彻，就会毫不犹豫地顺利完成。不想失败就不要只看原料，记得要把制作方法也记住哦！

备齐工具和材料

动手操作前要把工具和材料都备齐。工具要洗净归置到一处，使用时会比较顺手。要牢记好材料才能做出好蛋糕的原则，尽量准备新鲜食材。计量也要准确哦！

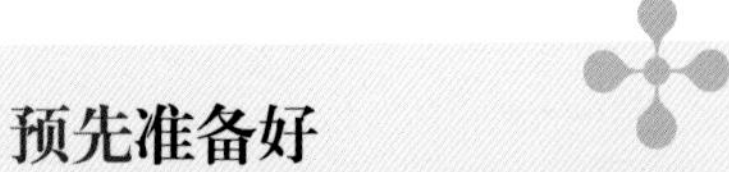

预先准备好

奶油奶酪和黄油、鸡蛋这些需与室温温度相同的原料，要在制作前1～2小时的时候从冰箱中取出，量好用量，直到其温度与室温（20℃左右）相同。千万别忘了要事先处理蛋糕模。

电动打蛋器的用法

将钢丝部分浸在材料中启动开关，手拿打蛋器画圈搅拌，可避免面粉产生颗粒。制作蛋白霜和打发奶油时，将盆倾斜，使钢丝部分充分搅打到材料。

关于烤箱

务必将烤箱余热调至设定温度后再行烤制。烘焙时不要打开烤箱门。若看起来蛋糕上色不匀，可在烘焙时间过半时转动烤盘。小烤箱空间小、升温快，蛋糕易焦，可酌情降低10～20℃。此外，烤箱不只有机型之差，还各有不同的特性。预设温度和时间都要根据自家烤箱的特性来做相应调整。

何时脱模

烘焙型芝士蛋糕要待到基本冷却、糕体稳定后脱模。使用鱼胶凝固的半熟芝士蛋糕脱模前提是蛋糕要充分冷却。之后，将湿毛巾放在微波炉加热1分钟后快速包在蛋糕模外面，等模子里事先涂的黄油熔化后就能顺利脱模了。

烘焙型芝士蛋糕

它余味悠长，无数次激发我们做蛋糕的冲动。它就是烘焙型芝士蛋糕。
只要把原料搭配、做法稍稍调整，无论是口感还是它在舌尖的舞蹈都更加绚烂。
本书将向大家介绍根据三种基础制作方法衍生的各个幻化之作。
让我们跟随季节和心情的脚步，轻松愉快地尝试烘焙型芝士蛋糕的制作吧。

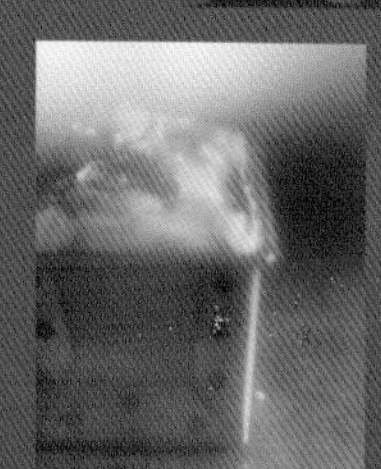

基础烘焙芝士蛋糕

它是一款人见人爱、芝士醇香浓郁的“无添加”芝士蛋糕。
它拥有绵软细滑的口感，也依稀透着一丝清爽的酸味。
用料简单，却好吃得令人称奇。它是我最得意之作。
希望它会是您家餐桌的常客。

原料

活底圆模（直径15cm）1个

奶油奶酪………………… 250g
幼砂糖…………………………50g
鸡蛋………………………… 1个
柠檬汁…………………… 1大匙
牛奶……………………… 1大匙
低筋面粉………………… 1大匙

饼干底

黄油饼干 …… 60g（6片）
黄油（无盐） ………… 20g

预先准备

- ◆将奶油奶酪置于室温使其软化。汤匙轻压后奶酪软软的即可（参照P049）。
- ◆鸡蛋打好待用。
- ◆蛋糕模内侧薄薄地涂一层黄油（原料重量不含），铺好油纸。
- ◆用于制作饼干底的黄油切成1cm的块。
- ◆烤箱预热至170℃。

烤箱温度和时间→170℃进行30～35分钟

大致保存期限→冰箱冷藏3日

小贴士

将奶油奶酪软化至乳霜状，是做出最佳口感的第一要诀。认真搅拌吧！

饼干底

※烘焙型芝士蛋糕做法相同

铺满还要压实哦！

1

将黄油饼干放进厚袋子里用手捏碎，然后加黄油揉碎、揉匀。

Point!

小包装饼干直接捏碎，然后统一倒入一个袋子里。

2

将饼干碎平铺于底部，表面盖上保鲜膜，用指尖将边缘压实。

Point!

防止蛋糕糊渗漏，压实不要留缝隙。

3

用杯底压实饼干碎，不留空隙。放入冰箱冷藏。

制作蛋糕糊

现在开始一气呵成！一直搅就行了！

4

室温下的奶油奶酪倒入盆中后，用打蛋器搅至稀软。

Point!

搅拌奶油奶酪时，可用微波炉加热10秒。这个步骤一定仔细搅拌，诀窍是搅到奶酪细滑无颗粒状态。

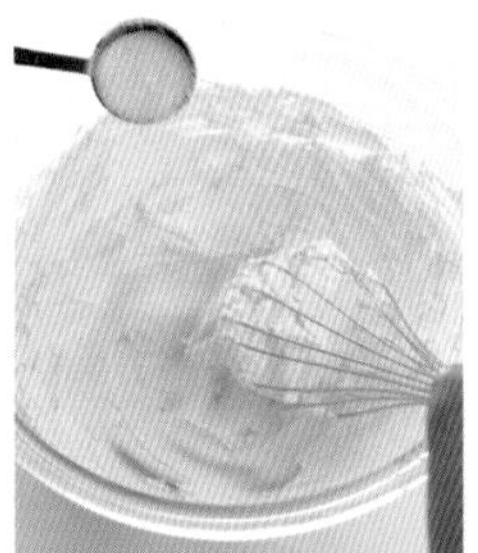

5

幼砂糖分2～3次倒入盆中，搅拌时尽量使蛋液充入空气。

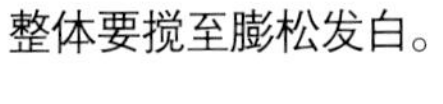

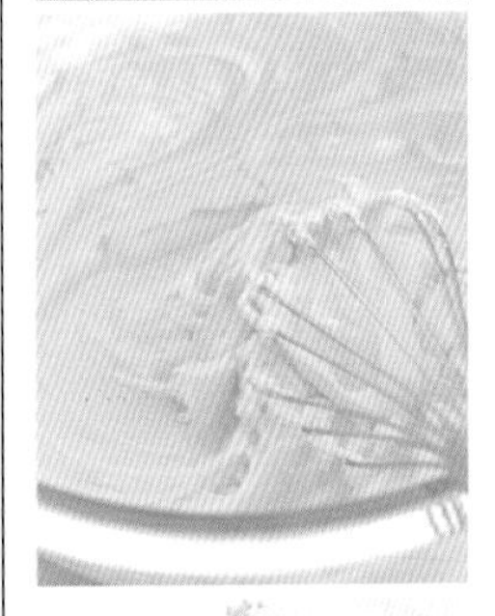

整体要搅至膨松发白。

6

鸡蛋打到碗里，用调羹舀出蛋黄放入搅拌盆搅拌。

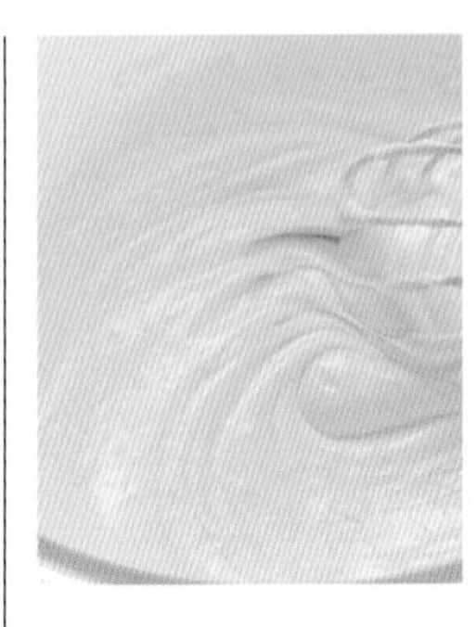

7

用调羹将蛋清一勺一勺地放入搅拌盆，每放一次都认真地搅拌。

Point!

蛋清分次放可以防止搅拌不匀。

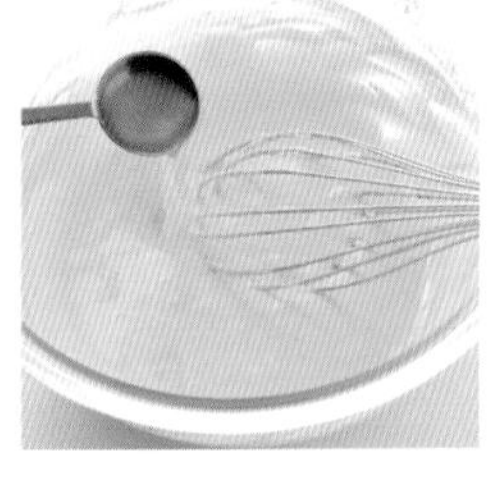

8

加入柠檬汁搅拌均匀。

9

加入牛奶搅拌。

10

用茶滤分两次加入低筋面粉，每次都要均匀地撒满蛋糕糊后拌和。要用橡皮刮刀将搅拌盆侧面粘的蛋糕糊都搅拌到。

倒入蛋糕模烘焙

你预热烤箱了吗？

11

将蛋糕糊拿起，倒入第3步的圆模中。

Point!

这样蛋糕糊里多余的气泡就自然消失了。

12

蛋糕模拿高2～3cm摔两次，蛋糕糊里的空气就自然被挤出去了。然后把表面刮平。

如果表面有大气泡，用竹签戳破。

13

将蛋糕糊放入170℃的烤箱中烤30～35分钟。表面上了一层薄薄的颜色就可以了。

Point!

蛋糕晾凉后，蛋糕的颜色就像图片中一样了。

14

烤好后不脱模晾凉。温度下降后找个比蛋糕模高的台子（水杯、罐头盒等）垫在中央，扶住蛋糕模慢慢向下按。

抹刀插进蛋糕底完全脱模。

用磅蛋糕模烤出的效果

与圆模不同，用磅蛋糕模烤出的蛋糕外形修长。切片后也可以每片包好做成条形蛋糕。烘焙时间和温度与圆模相同。另外，其他形状的蛋糕模或耐热容器也可以拿来烤蛋糕哦。

※磅蛋糕模的尺寸参照P6。

咖啡大理石芝士蛋糕
Coffee marble cheese cake

交替倒入两种蛋糕糊，
轻轻搅动就做出了大理石花纹。
咖啡的香味和苦味，
更加突出奶酪的香醇。

咖啡大理石芝士蛋糕

原料

直径15cm的活底圆模1个

奶油奶酪……………… 250g
幼砂糖…………………… 50g
鸡蛋……………………… 1个
牛奶…………………… 2大匙
低筋面粉……………… 1大匙
速溶咖啡（小粒）… 1小匙
水 ………………… 1/4小匙

饼干底

黄油饼干 …… 60g（6片）
黄油（无盐） ………… 20g

预先准备

◆奶油奶酪置于室温，用汤匙轻压凹陷程度即可（参照P49）。
◆鸡蛋事先打好放在容器内。
◆蛋糕模内侧轻轻涂一层黄油（原料重量不含），垫上烤盘纸。
◆做饼干底用的黄油切成1cm小块。
◆咖啡和水倒入耐热性容器，用微波炉加热5秒后搅拌均匀。
◆烤箱预热至170℃。

烤箱温度和时间→170℃烤35分钟
大致保存期限→冰箱中冷藏3日

》制作饼干底

1．黄油饼干捏碎，加入黄油揉匀后塞满蛋糕模（参照P011），放置冰箱内冷藏。

》制作两种蛋糕糊

2．奶油奶酪倒入搅拌盆（大号），用打蛋器打得细滑黏稠。幼砂糖分2～3回添加，不断搅打。尽量让蛋糕糊充入空气，搅打至蛋糕糊整体发白、膨松为止。
3．加入蛋黄继续搅打，蛋清则用大匙一次一次加入，每次都要搅打均匀。
4．加入牛奶搅拌均匀。
5．用茶滤分两次撒低筋面粉，蛋糕糊整体要撒匀。用橡皮刮刀将粘在搅拌盆内壁的蛋糕糊都搅拌到。
6．将第5步中的蛋糕糊取出100g，倒入准备好的咖啡液体加以搅拌，制作咖啡蛋糕糊（a）。

》制成大理石花纹

7．将两种蛋糕糊交替倒入第1步的圆模里，将蛋糕糊拿起，用刮刀（或者汤匙）淋在蛋糕上。保证咖啡糊铺在最后，且要分3～4次交替地分层倒入（b）。
8．将蛋糕模拿高2～3cm摔两次，挤出蛋糕糊里的空气，抹平。
9．用竹签画出大理石图案（c）。

》烘焙

10．放入170℃的烤箱中烤35分钟。烤好后不脱模晾凉。待温度降下后脱模（参照P13），放入冰箱冷藏。

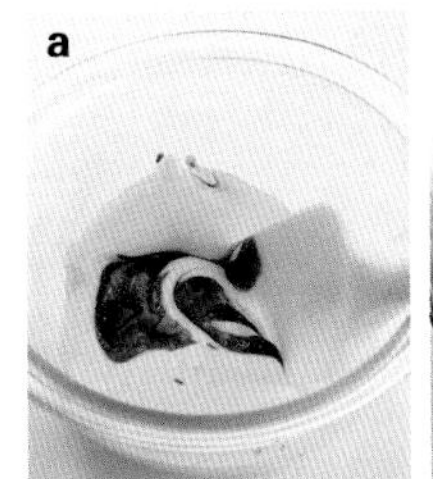

a 制作咖啡蛋糕糊。将咖啡液倒入分出来的芝士蛋糕糊中搅拌。

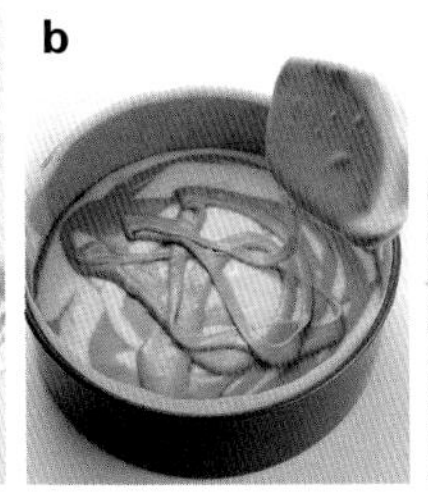

b 芝士蛋糕糊和咖啡蛋糕糊交替着，像画线一样淋到蛋糕模中。

c 用竹签在蛋糕模中大幅度搅拌，画出大理石花纹。

夏天是蓝莓的季节。
大量新鲜的果实，
缔造了酸爽的蛋糕。
波点造型正是迷人之夏的“点睛之作”。

蓝莓芝士蛋糕

原料

直径15cm的活底圆模1个

奶油奶酪………………… 250g
幼砂糖………………………50g
鸡蛋…………………………1个
柠檬汁………………… 1大匙
牛奶…………………… 1大匙
低筋面粉……………… 1大匙
蓝莓（新鲜或冷冻）… 100g

饼干底

黄油饼干 …… 60g（6片）
黄油（无盐）…………20g

装饰

蓝莓（新鲜或冷冻）…50g
幼砂糖 ……………… 1小匙
柠檬汁 …………… 1/2大匙

*冷冻蓝莓可以直接使用。

预先准备

- 奶油奶酪置于室温，用汤匙轻压至凹陷程度即可（参照P49）。
- 鸡蛋事先打到容器内。
- 蛋糕模内侧轻轻涂一层黄油（原料重量不含），垫上烤盘纸。
- 做饼干底用的黄油切成1cm小块。
- 烤箱预热至170℃。

烤箱温度和时间→170℃烤35～40分钟

大致保存期限→冰箱中冷藏3日

》制作饼干底

1. 黄油饼干捏碎，加入黄油揉匀后塞满蛋糕模（参照P011），放置冰箱内冷藏。

》制作蛋糕糊

2. 搅拌盆中放入奶油奶酪，用打蛋器打成细滑的糊状。幼砂糖分2～3回添加，每次都要搅打，尽量让蛋糕糊充入空气，搅打至蛋糕糊整体发白、膨松为止。
3. 加入蛋黄继续搅打，蛋清则用大匙一次一次加入，每次都要搅打均匀。
4. 依次加入柠檬汁和牛奶，每次都要搅拌均匀。
5. 用茶滤分两次撒低筋面粉，蛋糕糊整体要撒匀。用橡皮刮刀将粘在搅拌盆内壁的蛋糕糊都搅拌到。
6. 加入蓝莓搅拌均匀（a）。

》装饰蓝莓，进烤箱

7. 将第6步中的蛋糕糊拿起，倒入第1步的蛋糕模中（b）。蛋糕模拿高2～3cm摔两次，蛋糕糊里的空气就自然被挤出去了，然后把表面刮平。

》如果表面有大气泡，用竹签戳破

8. 将幼砂糖和柠檬汁加入装饰用的蓝莓中搅匀，然后用汤匙均匀地撒在蛋糕糊表面。
9. 放入170℃的烤箱中烤35～40分钟。烤好后带模晾凉（c）。待温度降下后脱模（参照P13），放入冰箱冷藏。

a

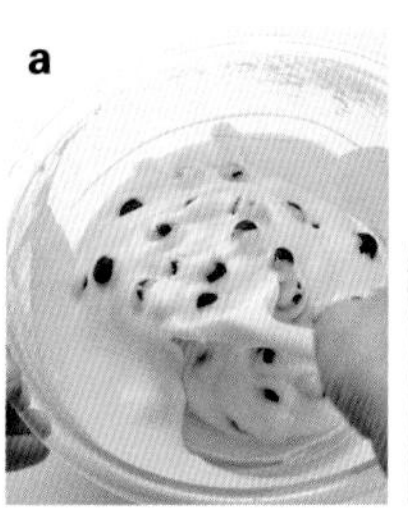

蛋糕糊加入蓝莓搅拌。

b

将装饰用的蓝莓均匀地撒在蛋糕模里的蛋糕糊中。

c

晾凉后脱模。

B 蓝莓芝士蛋糕

Blueberry cheese cake

可可香蕉芝士蛋糕

Cocoa & banana cheese cake

香蕉和可可这对黄金搭档
缔造出一眼难忘的芝士蛋糕。
焦糖香蕉在熬煮时不要过头，
香蕉边缘变圆即可。

可可香蕉芝士蛋糕

原料

直径15cm的活底圆模1个

奶油奶酪………………… 250g
幼砂糖……………………… 60g
鸡蛋………………………… 1个
牛奶………………………… 1大匙
低筋面粉………………… 2大匙

可可酱

可可粉 ……………………… 1大匙
热水 ………………………… 1大匙

焦糖香蕉

香蕉 ………2根（约200g）
柠檬汁 ……………………… 1小匙
黄油（无盐） ……………… 15g
幼砂糖 ……………………… 40g
朗姆酒 ……………………… 1小匙

核桃（生核桃切半）…… 3个

预先准备

◆奶油奶酪置于室温，用汤匙轻压至凹陷程度即可（参照P49）。
◆鸡蛋事先打到容器内。
◆蛋糕模内侧轻轻涂一层黄油（原料重量不含），垫上烤盘纸。
◆核桃用手掰碎。
◆烤箱预热至170℃。

烤箱温度和时间→170℃烤40～45分钟
大致保存期限→冰箱中冷藏3日

》制作焦糖香蕉

1. 香蕉去皮去筋切成1.5cm厚的片后浇上柠檬汁。
2. 平底锅内放黄油和幼砂糖以中火加热。
3. 变成焦糖色后倒入香蕉搅拌均匀。香蕉软化后加入朗姆酒快速搅拌关火（a）。取出放入平盘中晾凉。

》制作可可酱

4. 可可粉中倒入热水加以搅拌。
※一定要用热水。冷水或温水都不足以将可可粉化开，容易结成小颗粒。

》制作蛋糕坯

5. 搅拌盆中放入奶油奶酪，用打蛋器打成细滑的糊状。幼砂糖分2～3回添加，每次都要搅打，尽量让蛋糕糊充入空气，搅打至蛋糕糊整体发白、膨松为止。
6. 加入蛋黄继续搅打，蛋清则用大匙一次一次加入，每次都要搅打均匀。
7. 在第4步的材料中依次加入可可酱和牛奶，每次都要搅拌均匀（b）。
8. 用茶滤分两次撒低筋面粉，蛋糕糊整体要撒匀。用橡皮刮刀将粘在搅拌盆内壁的蛋糕糊都搅拌到。

》装饰焦糖、香蕉，送入烤箱

9. 将第8步中的蛋糕糊拿起倒入蛋糕模中。将蛋糕模拿高2～3cm摔两次，蛋糕糊里的空气就自然被挤出去了，然后把表面刮平。如果表面有大气泡，用竹签戳破。
10. 蛋糕糊表面装饰第3步中的焦糖香蕉（c），撒上核桃碎，放入170℃的烤箱中烤40～45分钟。烤好后带模晾凉。待温度降下后脱模（参照P13），放入冰箱冷藏。

a

香蕉加热软化，待其四角均变圆就可以加入朗姆酒了。

b

蛋糕糊中混合可可酱加以搅拌。

c

焦糖香蕉依次摆在蛋糕糊表面，不要留缝隙。

这款芝士蛋糕含有南瓜，呈现金黄色。
推荐选用起沙如栗子般香甜的南瓜。
要过筛后再加入蛋糕中，
口感紧实细滑。

南瓜芝士蛋糕

原料

直径15cm的活底圆模1个

奶油奶酪……………… 200g
幼砂糖…………………… 60g
鸡蛋……………………… 1个
牛奶……………………… 60g
低筋面粉……………… 1大匙
南瓜（去子去瓤）…… 130g

可可饼干底

黄油饼干 …… 60g（6片）
黄油（无盐） ………… 20g
可可粉 ……………… 1小匙

预先准备

- 奶油奶酪置于室温，用汤匙轻压至凹陷程度即可（参照P49）。
- 鸡蛋事先打到容器内。
- 蛋糕模内侧轻轻涂一层黄油（原料重量不含），垫上烤盘纸。
- 烤箱预热至170℃。

烤箱温度和时间→170℃烤35～40分钟
大致保存期限→冰箱中冷藏3日

》制作可可饼干底

1. 黄油饼干捏碎，加入黄油揉匀后塞满蛋糕模（参照P11），放入冰箱内冷藏（a）。

》制作南瓜泥

2. 南瓜包上保鲜膜放入微波炉中加热3分30秒，待整体软化后用匙压成泥后，过筛（b）。取出南瓜泥80g待用。

》制作蛋糕糊

3. 搅拌盆中放入的奶油奶酪，用打蛋器打成细滑的糊状。
4. 加入备好的80g南瓜泥搅拌均匀（c）。
5. 幼砂糖分2～3回添加，每次都要搅打，尽量让蛋糕糊充入空气，搅打至蛋糕糊整体发白、膨松为止。
6. 加入蛋黄继续搅打，蛋清则用大匙一次一次加入，每次都要搅打均匀。
7. 每加入1匙牛奶都要搅拌均匀。
8. 用茶滤分两次撒低筋面粉，蛋糕糊整体要撒匀。用橡皮刮刀将粘在搅拌盆内壁的蛋糕糊都搅拌到。

》进烤箱

9. 将第8步中的蛋糕糊拿起倒入第1步的圆模中。将蛋糕模拿高2～3cm摔两次，蛋糕糊里的空气就自然被挤出去了。然后把表面刮平。如果表面有大气泡，用竹签戳破。
10. 将蛋糕糊放入170℃的烤箱中烤35～40分钟。烤好后带模晾凉。待温度降下后脱模（参照P13），放入冰箱冷藏。

a

垫好烤盘纸的蛋糕模中铺满含有可可粉的饼干底。

b

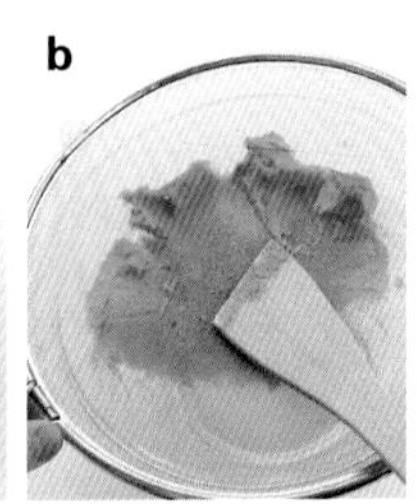

过滤网下面垫一个盆（中）过筛。

c

将南瓜泥（80g）加进搅好的奶油奶酪里，搅拌均匀。

cheese cake

枫糖口味坚果芝士蛋糕

Maple syrup cheese cake

枫糖浆的天然甘醇，
与坚果相得益彰。
加上用作装饰的酥脆杏仁片，
坚果的焦香在口中翩翩起舞。

枫糖口味坚果芝士蛋糕

原料

直径15cm的活底圆模1个

奶油奶酪………………　250g
幼砂糖……………………40g
鸡蛋………………………1个
牛奶……………………　大匙
枫糖浆…………………1大匙
低筋面粉………………1大匙

饼干底
黄油饼干 ……　6片（60g）
黄油（无盐）…………20g

装饰
什锦坚果 ………………50g
杏仁片（生）…………15g
枫糖浆 ………………1大匙

枫糖沙司
枫糖浆、柠檬汁各适量

预先准备

◆奶油奶酪置于室温，用汤匙轻压至凹陷程度即可（参照P49）。
◆鸡蛋事先打到容器内。
◆蛋糕模内侧轻轻涂一层黄油（原料重量不含），垫上烤盘纸。
◆用厨房用纸沾湿擦净什锦坚果表面上的盐分（使用点心专用的生坚果时，将其平铺在烤盘里，放入预热好的烤箱中烤2～3分钟）。
◆做饼干底用的黄油切成1cm小块。
◆烤箱预热至170℃。

烤箱温度和时间→170℃烤35～44分钟
大致保存期限→冰箱中冷藏3日

》处理坚果

1. 什锦坚果切碎后和杏仁片放入耐热容器中，加枫糖浆搅拌。放入微波炉中加热20秒后晾凉（a）。

*加热后坚果更入味。

》制作挞台

2. 黄油饼干捏碎，加入黄油揉匀后塞满蛋糕模（参照P11），放入冰箱内冷藏。

》制作蛋糕糊

3. 搅拌盆中放入奶油奶酪，用打蛋器打成细滑的糊状。幼砂糖分2～3回添加，每次都要搅打，尽量让蛋糕糊充入空气，搅打至蛋糕糊整体发白、膨松为止。

4. 加入蛋黄继续搅打，蛋清则用大匙一次一次加入，每次都要搅打均匀。

5. 依次加入牛奶和枫糖浆，每次都要搅拌均匀（b）。

6. 用茶滤分两次撒低筋面粉，蛋糕糊整体要撒匀。用橡皮刮刀将粘在搅拌盆内壁的蛋糕糊都搅拌到。

》装饰坚果，进烤箱

7. 将第6步中的蛋糕糊拿起倒入第2步的蛋糕模中。将蛋糕模拿高2～3cm摔两次，蛋糕糊里的空气就自然被挤出去了，然后把表面刮平。如果表面有大气泡，用竹签戳破。

8. 蛋糕糊表面装饰第1步中的坚果（c）。

*坚果沉下去也没关系，再在上面铺一层坚果即可。

9. 放入170℃的烤箱中烤35～40分钟。烤好后带模晾凉。待温度降下后脱模（参照P13），放入冰箱冷藏。

10. 第9步的蛋糕坯切好装盘，浇上已做好的枫糖沙司（按枫糖浆1大匙、柠檬汁1小匙比例混合而成）。

a 切碎的坚果加入枫糖浆搅拌后放入微波炉中加热。

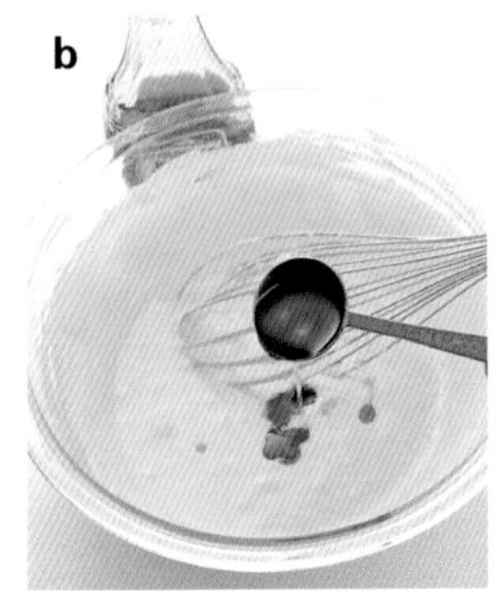

b 在蛋糕糊中加入枫糖浆加深口味。

c 把准备好的坚果用汤匙画圈，均匀地撒在蛋糕糊表面。

水果干芝士蛋糕

Dry fruits cheese cake

宛如镶嵌了五颜六色的宝石，
这款芝士蛋糕雍容华贵。
水果干要在柠檬汁的作用下变软后方可使用。
正是这酸酸的味道把蛋糕整体烘托得更加出色。

水果干芝士蛋糕

原料

直径15cm的活底圆模1个

奶油奶酪……………… 250g
幼砂糖……………………… 50g
鸡蛋………………………… 1个
柠檬汁…………………… 1大匙
牛奶……………………… 1大匙
低筋面粉………………… 1大匙
| 什锦水果干 …………… 50g
| 柠檬汁 ……………… 1小匙
| 蔓越莓干 ……………… 30g
| 柠檬汁 …………… 1/2小匙

可可饼干底

| 黄油饼干 …… 60g（6片）
| 黄油（无盐） ………… 20g
| 可可粉 ……………… 1小匙

装饰

| 速溶咖啡（小粒） … 1小匙
| 水 ………………… 1/4小匙

※可以使用市面销售的水果干，或根据个人喜好随意组合。本书使用了蔓越莓、葡萄干、香橙干等。

预先准备

◆奶油奶酪置于室温，用汤匙轻压至凹陷程度即可（参照P49）。
◆鸡蛋事先打到容器内。
◆蛋糕模内侧轻轻涂一层黄油（原料重量不含），垫上烤盘纸。
◆做饼干底用的黄油切成1cm小块。
◆咖啡和水放入微波炉加热5秒后搅匀。
◆烤箱预热至170℃。

烤箱温度和时间→170℃烤35～40分钟
大致保存期限→冰箱中冷藏3日

》处理水果干

1. 什锦水果干稍微冲水沥干后，放入耐热容器内加入柠檬汁，蒙上保鲜膜微波炉中加热30秒。

※这样做水果干就会吸收水分膨胀变软。

2. 蔓越莓干也要加入柠檬汁后加热20秒。

》制作可可饼干底

3. 黄油饼干捏碎，加入黄油揉匀后塞满蛋糕模（参照P11），放入冰箱内冷藏。

》做蛋糕糊，装模

4. 搅拌盆中放入奶油奶酪，用打蛋器打成细滑的糊状。幼砂糖分2～3回添加，每次都要搅打，尽量让蛋糕糊充入空气，搅打至蛋糕糊整体发白、膨松为止。

5. 加入蛋黄继续搅打，蛋清则用大匙一次一次加入，每次都要搅打均匀。

6. 依次加入柠檬汁和牛奶，每次都要搅拌均匀。

7. 用茶滤分两次撒低筋面粉，蛋糕糊整体要撒匀。用橡皮刮刀将粘在搅拌盆内壁的蛋糕糊都搅拌到。

8. 将第7步中的蛋糕糊盛出1小匙放入盆（小）中待用。

9. 第2步的蔓越莓加入第7步的蛋糕糊中搅匀。

10. 第1步的什锦水果干撒在饼干底上（a），然后将第9步的蛋糕糊拿高2～3cm摔两次。蛋糕糊里的空气被挤出去后，把表面刮平。

》花纹

11. 将备好的咖啡点到第8步的蛋糕糊中，用汤匙一滴一滴轻轻地点（b），然后用竹签快速划过咖啡液，拉长画出花纹（c）。

》烘焙

12. 放入170℃烤箱中烤35～40分钟。烤好后带模晾凉。待温度降下后脱模（参照P13），放入冰箱冷藏。

a

在可可饼干底上均匀地撒上什锦水果干。

b

点咖啡液时，至少保证几处滴成圆的水滴状。

c

竹签快速划过咖啡液，画出花纹。

洋梨芝士蛋糕

Pear cheese cake

秋季上市的代表——洋梨，它鲜嫩多汁、高贵甘甜，
与醇厚的奶油奶酪真是相得益彰。
作为礼物送人一定会讨人喜欢。

洋梨芝士蛋糕

原料

宽8cm×高6.5cm×长18cm的长条形蛋糕模1个

奶油奶酪……………… 250g
幼砂糖…………………… 60g
鸡蛋……………………… 1个
柠檬汁………………… 1大匙
牛奶…………………… 1大匙
低筋面粉……………… 2大匙

焦糖洋梨

洋梨 ……………………… 1个
黄油（无盐） ………… 15g
幼砂糖 ………………… 30g
柠檬汁 ……………… 1小匙

开心果（生）适量（根据喜好）

※如果没有洋梨，白桃或菠萝罐头也可。只是罐头汁要澄净后方可使用。罐装洋梨的果肉每种柔软度各不相同，所以建议使用鲜梨。

预先准备

- 奶油奶酪置于室温，用汤匙轻压至凹陷程度即可（参照P49）。
- 鸡蛋事先打到容器内。
- 蛋糕模内侧轻轻涂一层黄油（原料重量不含），垫上烤盘纸。
- 烤箱预热至170℃。

烤箱温度和时间→170℃烤40～45分钟

大致保存期限→冰箱中冷藏3日

》制作焦糖洋梨

1. 将洋梨8等分切成菱形，去皮去核。
2. 平底锅中放入黄油和幼砂糖，中火加热至糖变色（a）。
3. 加入洋梨、柠檬汁，翻炒至其上色。洋梨软化无棱，糖浆变稠（b），取出放入平盘晾凉。

》制作蛋糕糊

4. 搅拌盆中放入奶油奶酪，用打蛋器打成细滑的糊状。幼砂糖分2～3回添加，每次都要搅打，尽量让蛋糕糊充入空气，搅打至蛋糕糊整体发白、膨松为止。
5. 加入蛋黄继续搅打，蛋清则用大匙一次一次加入，每次都要搅打均匀。
6. 依次加入柠檬汁和牛奶，每次都要搅拌均匀。
7. 用茶滤分两次撒低筋面粉，蛋糕糊整体要撒匀。用橡皮刮刀将粘在搅拌盆内壁的蛋糕糊都搅拌到。

》装饰洋梨，进烤箱

8. 将第7步中的蛋糕糊拿起缓缓倒进准备好的蛋糕模中。然后将蛋糕糊拿高2～3cm摔两次。蛋糕糊里的空气被挤出去后，刮平表面。
9. 将第3步做好的焦糖洋梨连糖浆摆满第8步中的蛋糕糊表面。
10. 放入170℃烤箱烤40～45分钟。烤好后撒上开心果碎，带模晾凉。温度降下来后放入冰箱内冷藏。

a

开中火炒糖色，一直到黄油和幼砂糖变色为止。

b

洋梨炒出汁，逐渐变稠。因其易碎要轻轻翻搅。

c

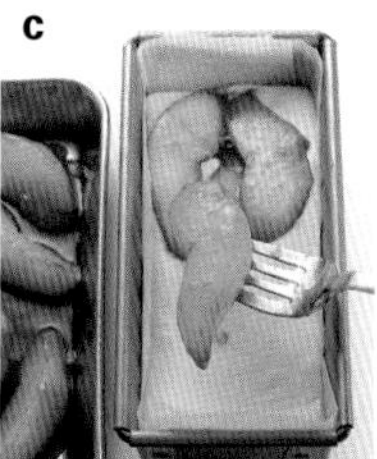

摆放洋梨时，朝向互相交错会显得很整齐。

基础纽约芝士蛋糕

纽约芝士蛋糕是蒸烤而成的。
一方面，酸奶油和黄油的加入凸显了其醇香、浓厚的味道，
另一方面，拥有紧实、奶香四溢的口感。
以上是此款蛋糕的两大特色。它即名贵又实惠，
是一款经久不衰的芝士蛋糕代表作。

原料

直径15cm的活底圆模1个

奶油奶酪……………………250g
黄油（无盐）…………… 20g
幼砂糖……………………… 90g
鸡蛋………………………… 2个
酸奶油（自制酸奶油参见P053）
……………………………90ml
柠檬汁……………………… 20g
低筋面粉…………………… 20g

饼干底
黄油饼干 ………60g（6片）
黄油（无盐） ………… 20g

预先准备

◆奶油奶酪置于室温，用汤匙轻压至凹陷程度即可（参照P49）。
◆鸡蛋事先打到容器内。
◆蛋糕模内侧轻轻涂一层黄油（原料重量不含），垫上烤盘纸。
◆做饼干底用的黄油切成1cm小块。
◆烤箱预热至170℃。
◆蒸烤时所需的热水。

烤箱温度和时间→170℃蒸烤50分钟
大致保存期限→冰箱中冷藏3日

小贴士

奶油奶酪、酸奶油、黄油要置于室温下使三者软硬度相同。
买不到酸奶油时可用滤水后的酸奶代替。
蛋糕是在最后5分钟才能变色，不要心急哟。

制作饼干底

饼干挤满压实。

1

黄油饼干捏碎，加入黄油揉匀后塞满蛋糕模（参照P11），放入冰箱内冷藏。

制作蛋糕糊

依次添加，一圈一圈地搅拌。

2

搅拌盆中放入已软化的奶油奶酪和黄油，用打蛋器搅拌至其细滑成糊。

奶油奶酪搅不动可用微波炉加热10秒。这步要仔细搅拌，保证蛋糕糊不出现颗粒。

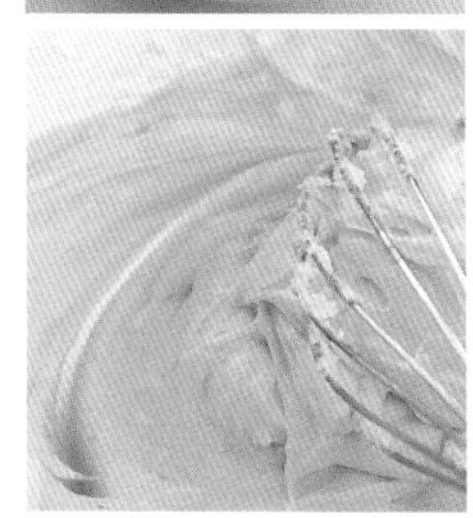

3

幼砂糖分2～3回添加，每次都要搅打，尽量让蛋糕糊充入空气，搅打至蛋糕糊整体发白、膨松为止。

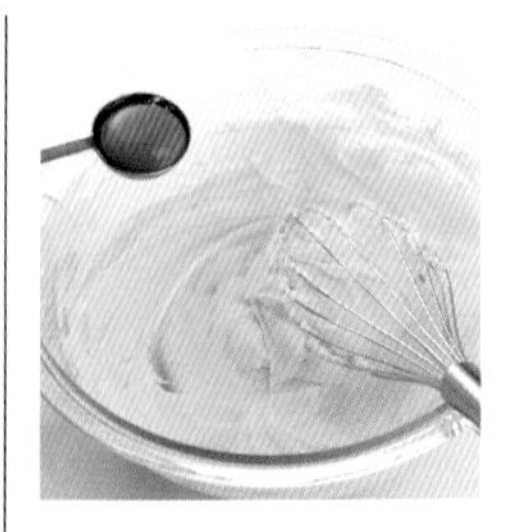

4

用匙舀出事先打好鸡蛋的蛋黄，一匙舀一个放入盆中继续搅打。

5

蛋清则用大匙一匙一匙地加入，每次都要搅打均匀。

6

将酸奶油搅匀后放入第5步蛋糕糊内搅打。

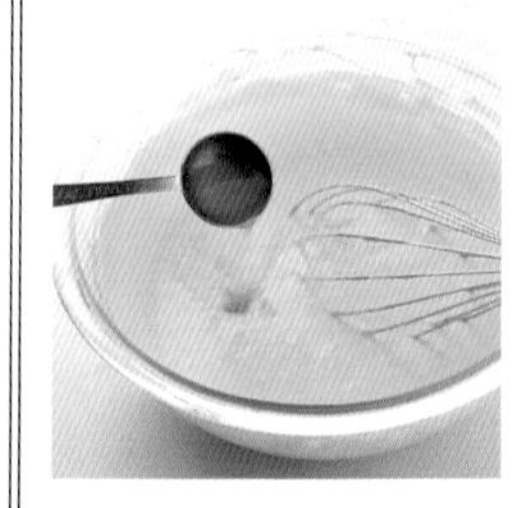

7

加入柠檬汁继续翻搅。

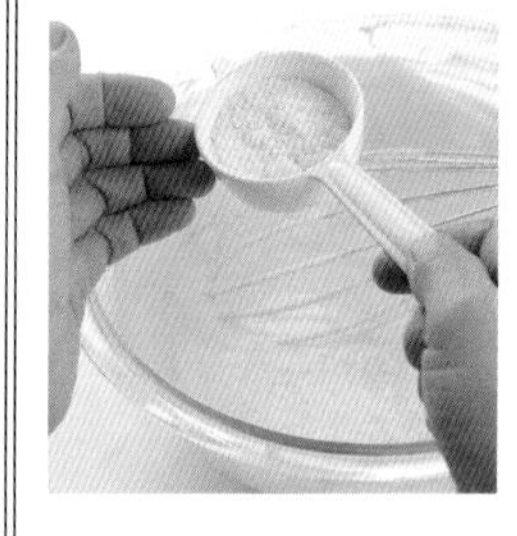

8

用茶滤分2～3次撒低筋面粉，蛋糕糊整体要撒匀，此时要不停地搅打。

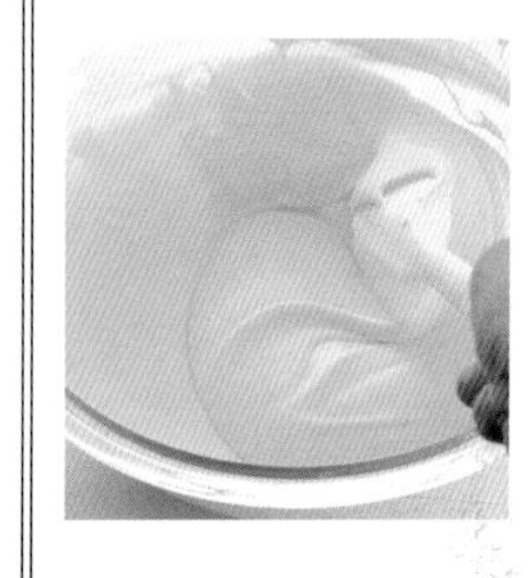

9

用橡皮刮刀将粘在搅拌盆内壁的蛋糕糊都搅拌到。

Point!

舀起少量蛋糕糊查看其状态，不要出现颗粒。这样可避免搅拌不匀或搅拌不足。

入模进烤箱

你准备好热水了吗?

10

拿起蛋糕糊缓缓倒入第1步的圆模中。

11

将蛋糕糊拿高2～3cm摔两次。蛋糕糊里的空气被挤出去后，刮平表面。

Point!

表面出现较大气泡时，可用竹签戳破。

12

放在烤盘中，在四周放上装满热水的耐热容器，送进烤箱（170℃）蒸烤50分钟。

Point!

此处的耐热容器可选用布丁杯或法式小圆锅。为防止蒸烤过程中热水蒸发殆尽，烤前热水要注满。但放进烤箱时要注意不要将热水洒出来。

13

烤好后带模晾凉，待温度降下后放入冰箱冷藏。

14

找一个比蛋糕模高的杯子或罐头盒垫在下面，扶住蛋糕模向下压。蛋糕抹刀插入蛋糕底座完全脱模。

Prune cheese cake 西梅芝士蛋糕

酸甜可口的西梅，
混合丰富的利口酒和柠檬汁蒸烤而成。
它是红酒的最佳伴侣。
代表着成熟的韵味。

西梅芝士蛋糕

原料

直径15cm的活底圆模1个

奶油奶酪……………………250g
黄油（无盐）……………… 20g
幼砂糖……………………… 70g
鸡蛋………………………… 2个
酸奶油（参照P053） ……90ml
柠檬汁…………………… 2小匙
低筋面粉…………………… 20g
西梅（无核） …………… 80g
柠檬汁 …………………… 1小匙
黑加仑利口酒 ………… 2小匙

饼干底

黄油饼干 …………60g（6片）
黄油（无盐） …………… 20g

*如无黑加仑利口酒可以用略浓的红茶代替。

预先准备

- 奶油奶酪置于室温，用汤匙轻压至凹陷程度即可（参照P49）。
- 鸡蛋事先打到容器内。
- 蛋糕模内侧轻轻涂一层黄油（原料重量不含），垫上烤盘纸。
- 做饼干底用的黄油切成1cm小块。
- 烤箱预热至170℃。
- 蒸烤时所需的热水。

烤箱温度和时间→170℃蒸烤45～50分钟
保存期限→冰箱中冷藏3日

》处理西梅

1. 将西梅切6块放入耐热容器中，混合柠檬汁和黑加仑利口酒。然后蒙上保鲜膜放入微波炉加热20秒后晾凉待用。

*晾凉后放一会儿可使西梅更加入味。

》制作饼干底

2. 黄油饼干捏碎，加入黄油揉匀后塞满蛋糕模（参照P11），放入冰箱内冷藏。

》制作蛋糕糊

3. 搅拌盆中放入奶油奶酪，用打蛋器打成细滑的糊状。幼砂糖分2～3回添加，每次都要搅打，尽量让蛋糕糊充入空气，搅打至蛋糕糊整体发白、膨松为止。
4. 蛋黄和蛋清分别一匙一匙加入蛋糕糊加以搅拌。
5. 酸奶油搅拌均匀后倒入第4步蛋糕糊中搅拌。再倒入柠檬汁继续搅拌。
6. 用茶滤分两次撒低筋面粉，蛋糕糊整体要撒匀。
7. 加入第1步的西梅拌匀。用橡皮刮刀将粘在搅拌盆内壁的蛋糕糊都搅拌到。

》入模进烤箱

8. 将第7步的蛋糕糊拿起缓缓倒入第2步的圆模中。将蛋糕糊拿高2～3cm摔两次。蛋糕糊里的空气被挤出去后，刮平表面。表面出现较大气泡时，可用竹签戳破。
9. 放在烤盘中，在四周放上装满热水的耐热容器（参照P33），送进烤箱（170℃）蒸烤45～50分钟。
10. 烤好后带模晾凉，待温度降下后放入冰箱冷藏。

焦糖芝士蛋糕 Caramel cheese cake

由鲜奶油与绵白糖共同缔造而成，
大量的焦糖给我们带来了甜中泛苦的芝士蛋糕。
其夸张的图案也使我们享受到视觉的盛宴。

焦糖芝士蛋糕

原料

直径15cm的活底圆模1个

奶油奶酪……………………250g
黄油（无盐）……………… 20g
幼砂糖……………………… 50g
鸡蛋………………………… 2个
酸奶油……………………90ml
低筋面粉…………………… 20g

焦糖酱
- 淡奶油（乳脂含量47%）… 50g
- 幼砂糖 …………………… 50g

饼干底
- 黄油饼干 …………60g（6片）
- 黄油（无盐） …………… 20g

预先准备

- 奶油奶酪置于室温，用汤匙轻压至凹陷程度即可（参照P49）。
- 鸡蛋事先打到容器内。
- 蛋糕模内侧轻轻涂一层黄油（原料重量不含），垫上烤盘纸。
- 做饼干底用的黄油切成1cm小块。
- 烤箱预热至170℃。
- 蒸烤时所需的热水。

烤箱温度和时间→170℃蒸烤45～50分钟
保存期限→冰箱中冷藏3日

》制作焦糖酱

1. 不粘锅中加幼砂糖，中火加热，炒至其变成淡红色。
*幼砂糖加热熔化，待变色即可。切记不要翻搅晃锅。

2. 关小火缓缓加入鲜奶油，其间用耐热橡皮刮刀或木质刮刀快速搅拌后移至容器内晾凉（a）。
*加热后会产生水蒸气，因此鲜奶和黄油会四处飞溅，请多加小心。

》制作饼干底

3. 黄油饼干捏碎，加入黄油揉匀后塞满蛋糕模（参照P11），放入冰箱内冷藏。

》制作蛋糕糊

4. 搅拌盆中放入奶油奶酪，用打蛋器打成细滑的糊状。幼砂糖分2～3回添加，每次都要搅打，尽量让蛋糕糊充入空气，搅打至蛋糕糊整体发白、膨松为止。

5. 蛋黄和蛋清分别一匙一匙加入蛋糕糊加以搅拌。

6. 酸奶油搅拌均匀后倒入第5步蛋糕糊中搅拌。再倒入柠檬汁继续搅拌。

7. 用茶滤分两次撒低筋面粉，蛋糕糊整体要撒匀。用橡皮刮刀将粘在搅拌盆内壁的蛋糕糊都搅拌到。

》入模进烤箱

8. 将一半蛋糕糊拿起缓缓倒入第3步的圆模中，拿高2～3cm摔两次。蛋糕糊里的空气被挤出去后，刮平表面。

9. 汤匙沾满焦糖奶酱滴在蛋糕糊上（b）。

10. 倒入余下的蛋糕糊，再次滴入焦糖酱，插入竹签画出大理石花纹（c）。

11. 放在烤盘中，在四周放上装满热水的耐热容器，送进烤箱（170℃）蒸烤45～50分钟。

12. 烤好后带模晾凉，待温度降下后放入冰箱冷藏。

a 熔化焦糖变成淡红色后关火，倒入淡奶油快速搅拌。

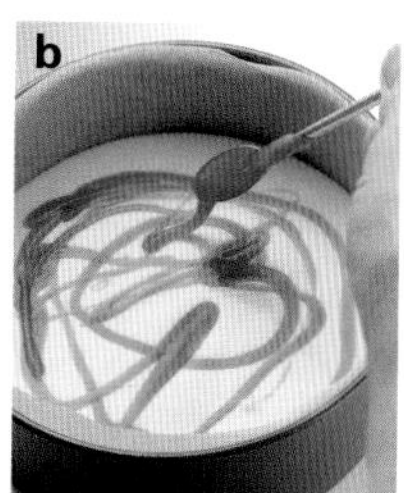

b 汤匙蘸满焦糖酱淋在蛋糕糊表面，淋出一条条粗线。

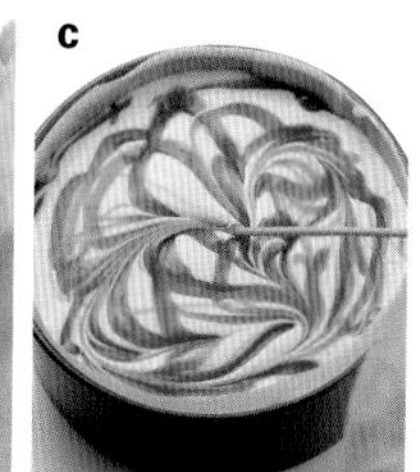

c 竹签轻轻将淋好的焦糖酱画出大理石花纹。

巧克力香橙芝士蛋糕

Chocolate & orange cheese cake

巧克力酱制成的蛋糕与碎巧克力上演的
巧克力双子大戏。
搭配上香橙真是锦上添花。

巧克力香橙芝士蛋糕

原料

直径15cm的活底圆模1个

奶油奶酪…………………… 250g
黄油（无盐）……………… 20g
幼砂糖……………………… 60g
鸡蛋………………………… 2个
酸奶油……………………… 90ml
低筋面粉…………………… 20g
巧克力板…………………… 70g
牛奶………………………… 2大匙
香橙干……………………… 50g
柠檬汁……………………… 适量

饼干底

黄油饼干 …… 60g（6片）
黄油（无盐） ………… 20g

预先准备

◆奶油奶酪置于室温，用汤匙轻压至凹陷程度即可（参照P49）。
◆鸡蛋事先打到容器内。
◆蛋糕模内侧轻轻涂一层黄油（原料重量不含），垫上烤盘纸。
◆巧克力板切碎取出20g待用。
◆香橙干切成5mm颗粒。
◆做饼干底用的黄油切成1cm小块。
◆烤箱预热至170℃。
◆蒸烤时所需的热水。

烤箱温度和时间→170℃蒸烤45～50分钟
保存期限→冰箱中冷藏3日

》制作巧克力酱

1. 取50g巧克力碎放入耐热容器中，加入1大匙牛奶，盖保鲜膜放入微波炉加热30秒。搅匀后加入剩余的牛奶搅匀（a）。

》制作饼干底

2. 黄油饼干捏碎，加入黄油揉匀后塞满蛋糕模（参照P11），放入冰箱内冷藏。

》制作蛋糕糊

3. 搅拌盆中放入奶油奶酪，用打蛋器打成细滑的糊状。幼砂糖分2～3回添加，每次都要搅打，尽量让蛋糕糊充入空气，搅打至蛋糕糊整体发白、膨松为止。
4. 蛋黄和蛋清分别一匙一匙加入蛋糕糊加以搅拌。
5. 酸奶油搅拌均匀后倒入第4步蛋糕糊中搅拌。再倒入柠檬汁继续搅拌。
6. 加入第1步巧克力酱加以搅拌（b）。
7. 用茶滤分两次撒低筋面粉，蛋糕糊整体要撒匀。用橡皮刮刀将粘在搅拌盆内壁的蛋糕糊都搅拌到。
8. 加入预留的20g巧克力碎和香橙干搅拌（c）。用橡皮刮刀将粘在搅拌盆内壁的蛋糕糊都搅拌到。

》入模进烤箱

9. 拿起第8步中的蛋糕模缓缓倒入第2步圆模中。拿高2～3cm摔两次。蛋糕糊里的空气被挤出去后，刮平表面。表面出现较大气泡时，可用竹签戳破。
10. 放在烤盘中，在四周放上装满热水的耐热容器，送进烤箱（170℃）蒸烤45～50分钟。
11. 烤好后带模晾凉，待温度降下后放入冰箱冷藏。

a

加牛奶后熔化的巧克力酱中再一次加牛奶使其温度下降，这样更易搅拌。

b

倒入已放凉的巧克力酱搅拌均匀。

c

倒入切好的巧克力碎和香橙干，仔细搅拌。

基础蛋奶酥芝士蛋糕

它绵软轻盈的口感是蛋白霜打发好蒸烤后的杰作。
低温蒸烤约1小时。
慢火烘焙是制作蛋奶酥的精要所在。
总之，这是一款可享受奶油奶酪和蛋香双重风味的蛋糕。

原料

直径15cm的活底圆模1个

奶油奶酪………………… 250g
黄油（无盐）…………… 30g
柠檬汁………………… 1大匙
蛋黄……………………… 3个
幼砂糖………………… 50g
牛奶……………………… 70g
低筋面粉……………… 30g

蛋白霜

蛋清 ………3个（约105g）
幼砂糖 ………………… 2小匙

预先准备

◆奶油奶酪置于室温，用汤匙轻压至凹陷程度即可（参照P49）。
◆蛋清量好后直接放入冰箱冷藏待用。
◆蛋糕模内侧轻轻涂一层黄油（原料重量不含），垫上烤盘纸。四周的烤盘纸要比圆模高10cm左右。

◆烤箱预热至150℃。
◆准备蒸烤用的热水。

烤箱温度和时间→150℃蒸烤10分钟
140℃蒸烤50分钟

保存期限→冰箱中冷藏3日

小贴士

想要品尝到绵软细致的味道，设定的温度必须能使蛋糕能慢慢膨胀。
蛋糕急剧膨胀时或调低温度或打开烤箱散热。

制作蛋糕糊

电动搅拌器隆重登场。

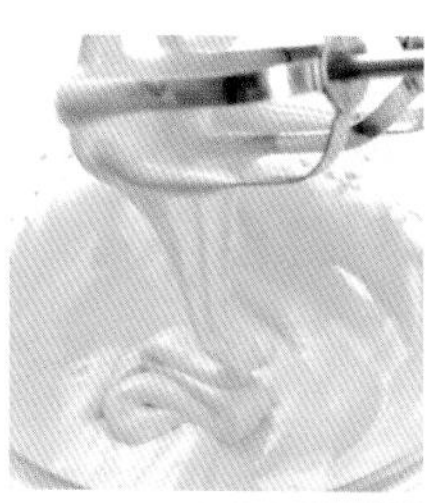

1
搅拌盆（小）中放入蛋黄和幼砂糖，电动搅拌器开高速将其打发浓稠（沙拉酱状）。

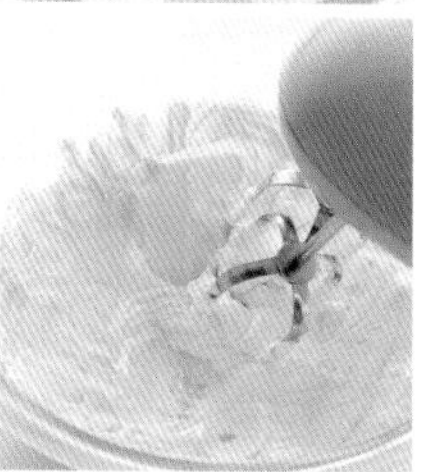

2
另取一个搅拌盆（大）放入室温下的奶油奶酪和黄油，搅拌器开高速继续打发细滑。

3
加入柠檬汁打发。

4
第3步蛋糕糊中加入第1步的蛋黄液搅匀。

5
搅好后用橡皮刮刀将盆边刮净，换成打蛋器继续搅拌。

Point!
最后用打蛋器是为防止有未搅到的部分。

6
牛奶一匙一匙倒入蛋糕糊中，每加一次牛奶都要开中速搅打均匀。

7
换成打蛋器，用茶滤分两次撒低筋面粉，一边撒一边搅拌。

Point!
第5步中的打蛋器用后可直接在此处使用。

制作蛋白霜

搅拌到拉出的蛋白霜末端稍微立住即可。

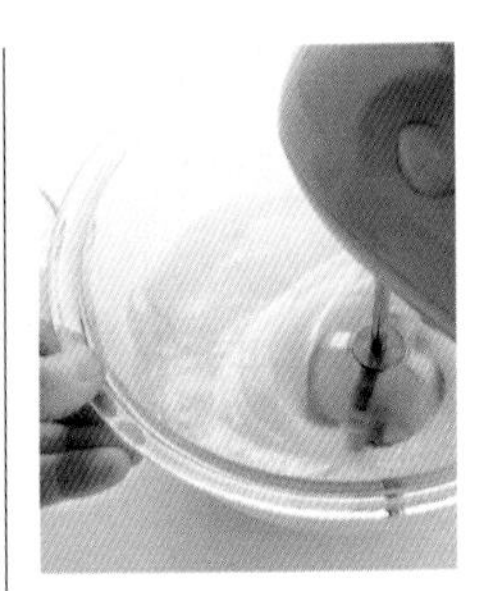

8

搅拌盆（中）加入蛋清，电动搅拌器开高速打发。

Point!

容器、转头若有油渍残留会影响发泡效果，因此这些用具要洗净抹干后方可使用。打发时，盆可以稍稍倾斜，使转头能完全没入为止。打发时，手拿搅拌器画圈搅拌。

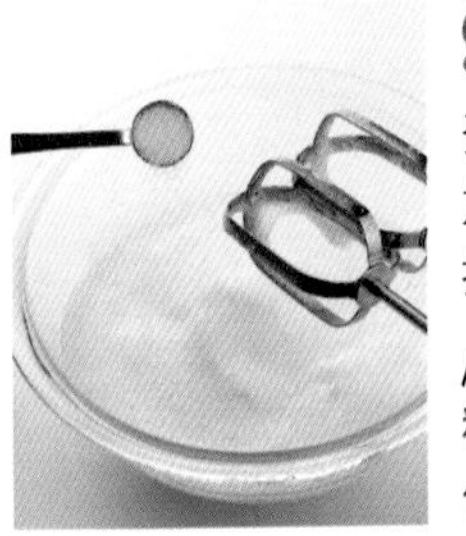

9

蛋清整体呈膨松细泡时加入1小匙幼砂糖继续打发。

Point!

糖要分批加，这样易融化打发。

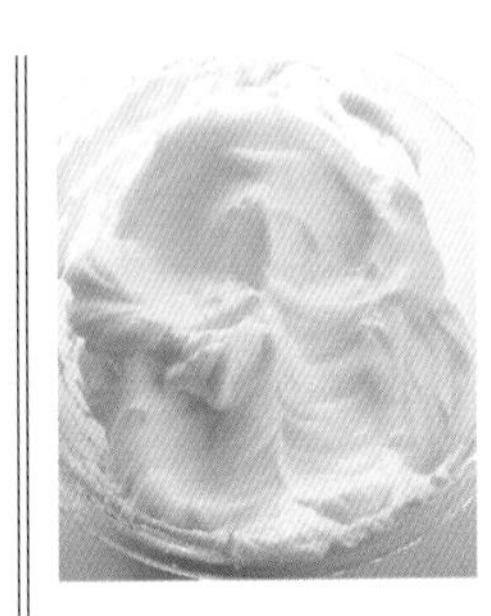

10

加入余下的幼砂糖搅打至蛋白霜细滑有光泽，拉伸时末梢可立住为止。

Point!

打发时要时时确认发泡状态（光泽和弹性）。

11

第10步中的蛋白霜分2～3次加入第7步的蛋糕糊中，迅速搅匀。换成橡皮刮刀把粘在盆壁上的蛋糕糊刮净、搅匀。

入模进烤箱

你准备好热水了吗？

12

烤盘四周放上装满热水的耐热容器，送入150℃的烤箱中蒸烤10分钟，之后温度调至140℃蒸烤50分钟。

Point!

此处的耐热容器可选用布丁杯或法式小圆锅。为防止蒸烤过程中热水蒸发殆尽，蒸烤前热水要注满。但放进烤箱时要注意不要将热水洒出来。

13

烤好后带模晾凉。

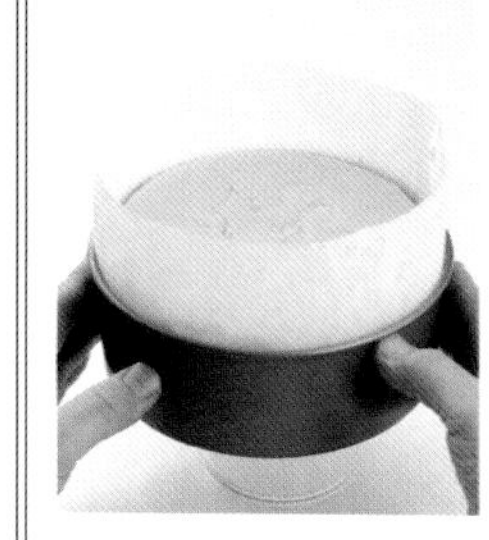

14

找一个比蛋糕模高的杯子或罐头垫在下面，扶住蛋糕模盒缓缓向下压。

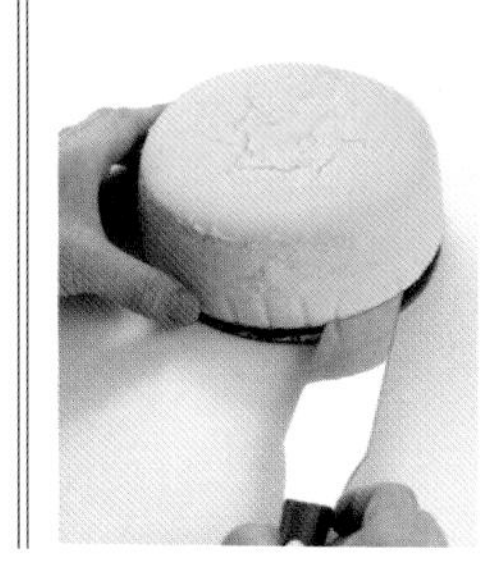

15

四周脱模后，用抹刀插入底部的烤盘纸脱模。结束后放入密闭容器中冰箱冷藏。

Apple cheese cake 苹果芝士蛋糕

这是一款苹果酸甜爽口与沁人心脾的香气
在口中蔓延的一款芝士蛋糕。
建议使用酸味略强的红玉苹果。

苹果芝士蛋糕

原料

宽8cm×高6.5cm×长18cm的长条形蛋糕模1个

奶油奶酪………………… 250g
黄油（无盐）……………… 20g
柠檬汁…………………… 2小匙
蛋黄………………………… 2个
幼砂糖……………………… 30g
牛奶……………………… 3大匙
低筋面粉…………………… 20g

蛋白霜

蛋清 ……… 2个（约70g）
幼砂糖 ……………… 1小匙

苹果酱

苹果（红玉） ………… 1个
幼砂糖 ……………… 2大匙
柠檬汁 ……………… 1小匙
低筋面粉 …………… 1小匙

预先准备

◆奶油奶酪置于室温，用汤匙轻压至凹陷程度即可。
◆蛋清量好后直接放入冰箱冷藏待用。
◆蛋糕模内侧轻轻涂一层黄油（原料重量不含），垫上烤盘纸。
◆烤箱预热至150℃。
◆准备蒸烤用的热水。

烤箱温度和时间→150℃蒸烤10分钟
140℃蒸烤40分钟
保存期限→冰箱中冷藏3日

》制作苹果酱

1. 苹果去皮切成5mm见方的小块，置于耐热容器内，加入幼砂糖、柠檬汁，盖上保鲜膜放入微波炉中加热3分钟，使其入味。
2. 低筋面粉过筛撒入后搅拌，再盖上保鲜膜加热2分钟后晾凉。

》制作蛋糕糊

3. 搅拌盆（小）中放入蛋黄和幼砂糖，电动搅拌器开高速将其打发浓稠（沙拉酱状）。
4. 另取一个搅拌盆（大）放入室温下的奶油奶酪和黄油，搅拌器开高速继续打发。再加入柠檬汁打发。
5. 将第3步加入第4步的搅拌盆中搅拌。用橡皮刮刀将盆边刮净，用打蛋器轻轻搅拌一下。
6. 牛奶一匙一匙加入盆中搅拌。
7. 换成打蛋器，用茶滤分两次撒低筋面粉，一边撒一边搅拌。

》制作蛋白霜

8. 另取搅拌盆（中），放入蛋清用电动搅拌器搅打。整体发泡后加入幼砂糖，继续搅打至发泡立住、有光泽为止。
9. 将第8步的蛋白霜分2~3次加入第7步的盆中，用打蛋器迅速搅打。换成橡皮刮刀把粘在盆壁上的蛋糕糊刮净搅匀。

》入模进烤箱

10. 将第9步蛋糕糊的一半取出拿起缓缓倒入备好的模中。拿高2~3cm摔两次。蛋糕糊里的空气被挤出去后，刮平表面。
11. 将第2步中的苹果酱倒入蛋糕糊后加入余下的蛋糕糊抹平。放进150℃的烤箱中烤10分，之后温度调至140℃蒸烤40分钟。
12. 晾凉脱模，揭开烤盘纸，结束后放入密闭容器中冰箱冷藏。

Sakura
cheese cake
樱花芝士蛋糕

它是一款带着春之气息扑面而来的日式芝士蛋糕。
香气来源于盐渍的樱花叶子。
盐腌好的樱花混合在蛋糕糊中烤制而成。
很适合作赏花时的茶点。

樱花芝士蛋糕

原料

直径15cm的活底圆模1个

奶油奶酪…………………250g
黄油（无盐）……………30g
柠檬汁……………………1大匙
蛋黄………………………3个
幼砂糖……………………50g
牛奶………………………70ml
低筋面粉…………………30g
盐渍樱花…………………8～9朵
盐渍樱花叶………………4～5片

蛋白霜

蛋清 ………3个（约105g）
幼砂糖 …………………2小匙

饼干底

黄油饼干 …… 60g（6片）
黄油（无盐） …………20g

预先准备

◆奶油奶酪和黄油置于室温，用汤匙轻压至凹陷程度即可。
◆蛋清量好后直接放入冰箱冷藏待用。
◆蛋糕模内侧轻轻涂一层黄油（原料重量不含），垫上烤盘纸。
◆盐渍樱花要用水冲洗一下。留出一对带花梗的花做装饰，其余（花蕾）切碎（a）。
◆烤箱预热至150℃。
◆准备蒸烤用的热水。

烤箱温度和时间→150℃蒸烤10分钟
140℃蒸烤40分钟
保存期限→冰箱中冷藏3日

》制作饼干底

1. 黄油饼干捏碎，加入黄油揉匀后塞满蛋糕模，放入冰箱内冷藏。

＊饼干底根据喜好可有可无。

》制作蛋糕糊

2. 搅拌盆（小）中放入蛋黄和幼砂糖，电动搅拌器开高速将其打发浓稠（沙拉酱状）。
3. 另取一个搅拌盆（大）放入室温下的奶油奶酪和黄油，打开搅拌器继续打发。再加入柠檬汁搅拌。
4. 第2步中的蛋糊加入第3步的盆中加以搅拌。橡皮刮刀把粘在盆壁上的蛋糕糊刮净，用打蛋器轻轻搅一下。
5. 牛奶一匙一匙加入盆中搅拌。
6. 换成打蛋器，用茶滤分两次撒低筋面粉，一边撒一边搅拌。

》加入樱花和蛋白霜

7. 加入樱花搅拌（b）。
8. 将蛋清倒入无油无水的盆中（中），用电动搅拌器打发起泡。待整体膨松后加入1小匙幼砂糖发泡。再加入余下的幼砂糖继续打发至出现光泽蛋白霜立住即可。
9. 将第8步的蛋白霜分2～3次加入第7步的蛋糕糊中，用打蛋器快速翻搅。用橡皮刮刀把粘在盆壁上的蛋糕糊刮净。

》入模进烤箱

10. 将第9步的蛋糕糊拿起缓缓倒入备好的模中。拿高2～3cm摔两次。蛋糕糊里的空气被挤出去后，刮平表面。
11. 放进150℃的烤箱中烤10分，之后温度调至140℃蒸烤40分钟。
12. 晾凉脱模，揭开烤盘纸，待完全晾凉后摆上盐渍樱花叶和盐渍樱花（c）。结束后放入密闭容器中冰箱冷藏。

a

选用八重樱的花和叶子用盐腌渍。花要用水冲洗一下，留下装饰用的，剩下的将花蕾部分切碎。

b

蛋糕糊中加入切碎的樱花搅拌。

c

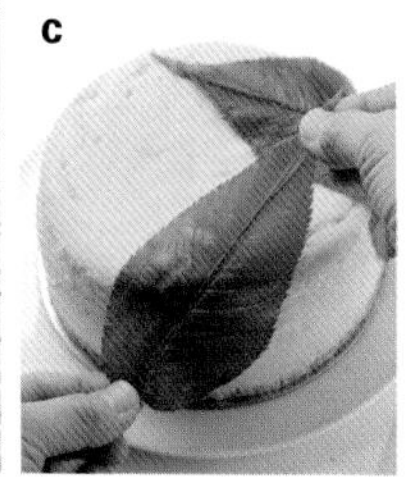

烤好的芝士蛋糕表面包上盐渍樱花叶，让它的香味融入蛋糕。

原 料

材料的选择也是重要的一环。
有的时候即使制作过程相同，选料不同也影响着最终口味。
本章介绍一下基本材料。
选择你最欣赏的那一个吧。

奶油奶酪

奶油奶酪的味道最能左右芝士蛋糕。每一种酸味、盐味、口感都各具特色。首先选一款自己喜欢的奶油奶酪吧。

澳洲产奶油奶酪（350g）

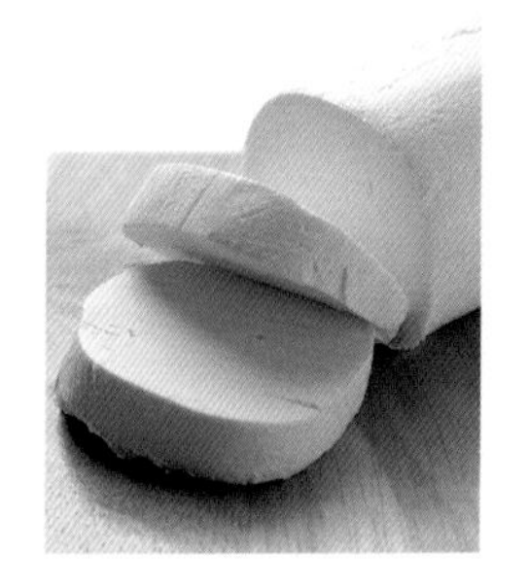

酸味适中没有任何怪味，口感柔和。本书使用的是这一款。

Kiri奶油奶酪（200g）

酸味和盐味都比较强烈的一款。柔软细滑，可以直接吃。

雪印奶油奶酪
（200g）

酸味和盐味都比较内敛、柔和，无怪味，比较接近澳洲产的奶油奶酪。

卡夫奶油奶酪
（250g）

酸味较强，奶味浓郁，但回味清淡。比其他品牌要硬一些。

室温（20℃）的放置方法

想让奶油奶酪整体软化，最好事先将其从冰箱取出慢慢待其软化。若想快点完成这一过程，可将奶油奶酪切成宽1～2cm的片在搅拌盆中铺开。查看柔软度可用汤匙轻压，待其凹陷即可。若没有时间待其自然软化，可放置在耐热玻璃容器中放进微波炉加热30～40秒。确认奶油奶酪状态，若不够要继续加热，每次加热10秒。因为过热奶油奶酪化成液态就不再是奶油奶酪了，这点请注意。

饼干底

黄油饼干或全麦饼干制作的饼干底是芝士蛋糕的标准配置。
建议使用黄油成分较多、酥脆的饼干。

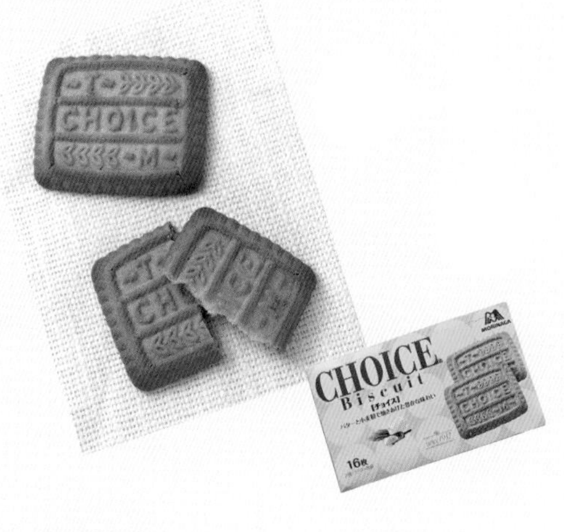

黄油饼干

口感松脆，散发着黄油的香味。会提升芝士蛋糕高贵的味道。本书使用的是此款。

饼干

松脆轻盈，口感简单，不太甜，可以用在混合口味的蛋糕里保持各成分的原味。

全麦饼干

原料中混合了精粉和全麦粉，是一种拥有独特香味和口感的饼干。可以突出奶油奶酪本身的味道。

鸡蛋

请使用新鲜的鸡蛋。分离蛋黄和蛋清时要小心。特别是制作蛋白霜时，蛋黄混入后不易发泡。表面易干的蛋黄要放在最后准备。蛋清在使用前都要放在冰箱冷藏。

黄油

使用无盐的一款。因为要和奶油奶酪混合，所以要提前从冰箱中取出置于室温，让其软化。剩下的可以切块冷冻保存。

淡奶油

使用动物性奶油，且含40%以上的乳脂（本书使用的是含47%乳脂的奶油）。植物性奶油口感与之不同。计量后放入发泡用的盆中，使用前放入冰箱冷藏。

酸奶、酸奶油

酸奶要选用无糖爽滑型的。淡奶油里加入乳酸菌发酵而成的酸奶油，既酸爽又香醇。若买不到也可以将酸奶过滤水分后代替。

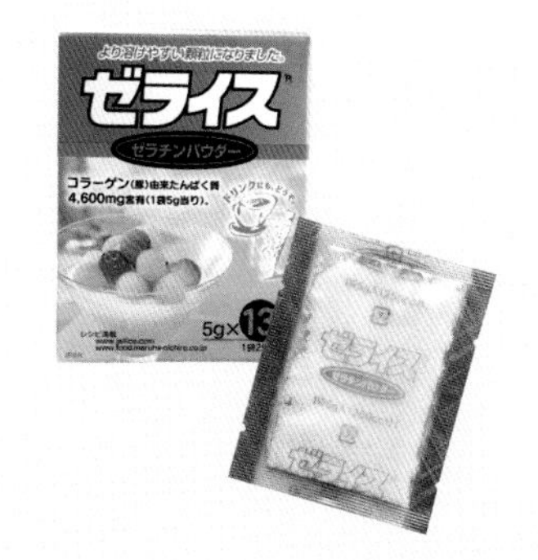

鱼胶粉

也有板状的鱼胶片，但本书采用便于操作的鱼胶粉。泡胀时必须将粉末倒入水中。如果将水倒入粉末中容易产生颗粒。

有问题？我来回答

Q1 奶油奶酪在打蛋器里塞成一团了！

答：微波炉稍稍加热变软即可。

经常认为奶油奶酪放置室温下已经软化了，其实还是很硬。如果搅拌2～3分钟还是这个状态，就用微波炉加热10秒钟左右，待其变软就容易搅拌了。

Q2 蛋糕表面烤焦了！

答：用锡纸轻轻包好即可。

每台烤箱都有不同的特点，本书所说的温度和时间只是概数。你的烤箱火小就把温度提高10～20℃，火大就把温度降低10～20℃，按照本书的时间烤制。蛋糕表面颜色过深就中途盖上锡纸继续烤。

Q3 蛋奶酥芝士蛋糕不绵软膨松！

答：蛋清打发至末梢可立住为止。

蛋奶酥之所以有入口即化的绵软膨松口感，是因为蛋清做的蛋白霜里富含细致的小气泡。所以蛋糕不绵软、不膨松是蛋白霜打发得不够。使用无水汽、无油渍、干净的搅拌盆，用电动搅拌器进行搅拌，直至蛋白霜拉伸时可立住为止。若一下子倒进蛋糕糊里搅，好不容易发好的泡就破掉了，所以蛋白霜要分2～3次加到蛋糕糊里。

Q4 口感不够细滑！

答：在加其他材料前好好搅拌奶油奶酪。

首先放置室温软化的奶油奶酪要呈糊状。这才是做出细滑芝士蛋糕最关键的一点。在加其他材料前认真地搅拌奶油奶酪吧，直至它呈糊状。若最后仍残留颗粒未被搅匀，可用笊篱筛到蛋糕模里。

Q5 淡奶油干巴巴的！

答：加入牛奶稀释淡奶油。

奶油打发黏稠时，边打发边查看状态。打发过度的淡奶油加入少量的牛奶可以挽救。但是，若淡奶油水分浮在上面就没得救了。这样一直打发下去，就可以做黄油了。

淡奶油一般是要隔冰水打发的。本书为了介绍制作方便、容易成功的蛋糕，采用了用搅拌盆计量后直接放入冰箱冷藏，然后直接发泡的方法。夏天气温较高时可隔冰水打发。

Q6 蛋糕凹下去了！

答：把烤箱温度调低一点吧。

出现这种情况多半是因为蛋糕坯最开始就膨胀过头的缘故。纽约芝士蛋糕、蛋奶酥蛋糕要长时间蒸烤，烤好前15分钟蛋糕坯膨胀为最佳。迅速膨胀的蛋糕坯会猛然下沉。为避免这种情况产生，烤箱温度可下调10～20℃。

Q7 没有酸奶油！

答：用酸奶做手工酸奶油。

筛网里铺上厨房用纸，放在搅拌盆里，倒入酸奶放置一晚，吸去水分。第二天酸奶少了一半就可以使用了。吸出的水就是乳清，对身体有益，可以饮用。

适用于不同场合的芝士蛋糕

芝士蛋糕作为庆祝会、生日、宴会的甜品或礼物都非常合适，适用于各种场合。

for Christmas

圣诞节献礼

将切好的蓝莓、坚果芝士蛋糕摆盘，再摆上核桃和松塔，就做成了芝士蛋糕圣诞树了。朴素简单的蛋糕最适合暖意融融的家庭气氛了。

宴会小吃

切成小块放在宴会桌子上便于取食。咖啡红茶自然是最佳搭配，红酒和香槟也是很好的选择，因此男士也会喜欢这款甜品哦。做好不会化掉也是这款蛋糕的迷人之处。

送给孩子们

亲手做的宴会蛋糕对儿童聚会来说真是锦上添花。在南瓜蛋糕上挤上打发好的淡奶油，装饰水果做造型。南瓜泥做成中间的红鼻子。

♫

for birthday

庆祝生日

大家都爱的草莓蛋糕，作为生日蛋糕出镜率颇高。蛋糕坯烤好后再装饰，貌似有点麻烦。这款半熟芝士蛋糕搅拌后冷藏一下就好了，简单便利很省事哦。

for present

作为礼物

亲手做蛋糕送朋友，两种颜色混搭如何？可以采用便于操作的半熟芝士蛋糕来做哦。一次可以享受两种绚烂，一定会让你的朋友非常开心的。剩余的部分就留给自家冰箱吧。

包装小点子

亲手做的芝士蛋糕要送给“某人”，在包装上也想花点心思要做得漂亮点吧?
半熟芝士蛋糕不易携带，建议用买来的蛋糕盒来装，这里介绍几款烘焙型芝士蛋糕的包装方法。

三角包装法

烘焙型芝士蛋糕可以包装成三角块送给朋友。根据个人喜好切块（图片为8等分），每块包上厨房用纸，再套上蝴蝶结。

布头包装法

不用厨房用纸，大点儿的丝巾或可爱的布头都可以用来包装。包起来不会留折痕，因此可反复使用。布头可再利用，很有环保意识吧！布头（50cm×50cm左右）边缘可缝上布条或蝴蝶结又或者是蕾丝边。将用保鲜膜包好的蛋糕块放于中央，布头根据形状扎紧后，用剩余的布条绑好。

食用方法小百科

制作各种芝士蛋糕本身就很开心了，但只要蛋糕上再配些东西，像入口即化的淡奶油，或是新鲜水果沙司，不但延展了口味，食客们的表情也会更加丰富。

使用奶油

芝士那醇厚口感中夹着一丝咖啡的焦香与苦涩

咖啡奶油霜

1 将100g淡奶油装盆冷藏。

2 取2g速溶咖啡放入耐热容器中，加1/4小匙的热水溶解。

3 加入1小匙幼砂糖后放进微波炉加热10秒后冷却（a）。

4 冷藏过的淡奶油中加2小匙幼砂糖，用打蛋器搅拌。待硬性发泡，即表面留有打蛋器钢丝的划痕时，加入第2步的咖啡搅拌。

※将做好的咖啡奶油用匙盛到切好的蛋糕旁边。

粉红色酸口奶油带来可爱的表情

覆盆子（树莓）奶油霜

1 取100g淡奶油（含47%乳脂）倒入盆中后冷藏。

2 将60g冷冻覆盆子放入耐热容器内，盖上保鲜膜在微波炉中加热30秒后解冻。用茶滤将其碾成泥状冷藏（a）。

3 冷藏过的淡奶油里加入1小匙幼砂糖和第2步的覆盆子泥，用打蛋器搅拌细致，待硬性发泡，即表面留有打蛋器钢丝的划痕即可（b）。

※将做好的奶油用匙盛到切好的蛋糕块上，上面加覆盆子。

做酱汁

剩下的巧克力碎华丽变身

巧克力酱

将50g巧克力切碎后放入耐热容器中，加1大匙牛奶后放入微波炉中加热30秒至其熔化，仔细搅拌（a）。根据个人喜好可加入少量的朗姆酒（b）。

※用匙将巧克力酱淋在盘子上，画出线条。喜好水果可切丁撒在上面。

a

b

甜蜜中泛着些许苦涩
让人欲罢不能的组合

焦糖浆

1 在不粘锅中倒入50g幼砂糖，开中火熔化后，整体变成茶色（a）。

2 关小火一点一点地倒入50g淡奶油，同时要用耐热的橡皮刮刀（或木质）搅匀（b）。

※焦糖浆淋在盘中，画出线条。

a

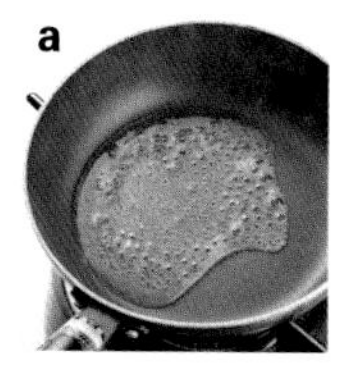

b

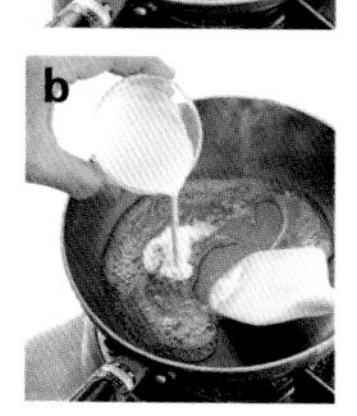

水果登场

※在淋有香蕉橘子沙司的地方摆上香蕉片做装饰。沙司过稠可用橘子汁调和。

不用香橙而采用橘子是因为橘子味道更柔和

香蕉橘子沙司

1 取香蕉1根切片后用叉子碾碎。待香蕉成泥后加入2大匙幼砂糖搅拌均匀（a）。

2 将50ml橘子汁连同调和好的香蕉泥倒入小锅，开中火加热，同时用耐热的橡皮刮刀不停地搅拌，直至整体有透明感（b）。盛到其他容器中，稍稍冷却后放入冰箱中冷藏。

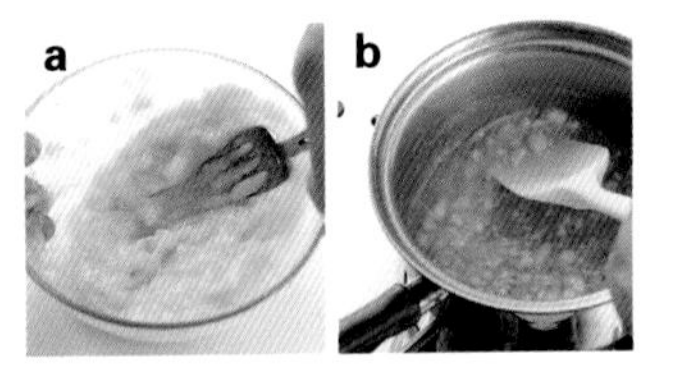

以人气超高的莓类给蛋糕增色

什锦莓类沙司

1 取50g草莓去蒂，切5mm的丁。

2 耐热容器内加入50g蓝莓、2大匙幼砂糖、1大匙水后稍搅一下，盖上保鲜膜放微波炉里加热3分钟。

3 趁蓝莓汁还没凉透加入第1步中的草莓丁搅拌（a），稍凉后放入冰箱冷藏。

※盘子里的蛋糕上淋上冷却后的沙司，加上切好的新鲜水果丁也可。

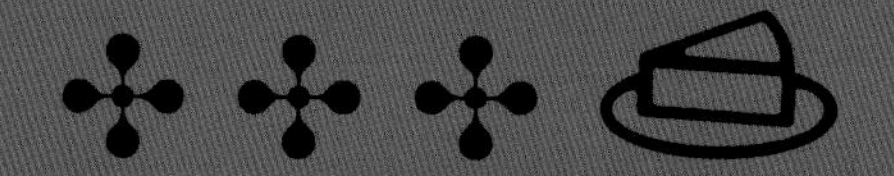

半熟芝士蛋糕

搅一搅，放在冰箱里就凝固了，
这样就做成了半熟芝士蛋糕。
“好想做蛋糕哦！”
无论何时都马上轻松搞定是这款蛋糕的魅力所在。
只要冰箱里留出空间，
一气呵成就做好了。孩子大人都爱吃。
入口时绵软细腻，
一瞬间在嘴里化开，令人回味。

基础半熟芝士蛋糕

凉丝丝入口即化的半熟芝士蛋糕，
正如它的名字，不需烘焙，把材料按顺序搅拌冻一下就做好了。
它是特别特别简单的蛋糕，
所以想做蛋糕的时候就可以轻松搞定。

原料

直径15cm的活底圆模1个

奶油奶酪…………………… 200g
幼砂糖………………………… 50g
纯酸奶（细滑型）…… 100g
柠檬汁………………………… 1大匙
牛奶…………………………… 50g
| 水 ………………………… 2大匙
| 鱼胶粉 ……………………… 5g

饼干底

| 黄油饼干 …… 60g（6片）
| 黄油（无盐） ………… 20g

预先准备

◆奶油奶酪置于室温，用汤匙轻压至凹陷程度即可。
◆纯酸奶、牛奶在计量后放入冰箱冷藏。
◆蛋糕模内侧轻轻涂一层黄油（原料重量不含），垫上烤盘纸。
◆做饼干底用的黄油切成1cm小块。
◆耐热容器中装水倒入鱼胶粉轻轻搅拌冷藏。

冷却时间→1～1.5小时
保存期限→冰箱冷藏2天

小贴士

加入酸奶后蛋糕味道变得轻盈爽滑，不爱吃甜食的人也一定爱吃。
奶油奶酪搅拌均匀，就能细滑如丝。

制作饼干底

＊半熟芝士蛋糕做法相同。

铺满压实就可以了！

1
将黄油饼干放进厚袋子里用手捏碎，加入切好的黄油。

2
揉匀，让黄油融入饼干中。

Point!
小包装饼干直接捏碎，然后统一倒入一个袋子里。

3
将饼干平铺于圆模底部，表面盖上保鲜膜，用指尖将边缘压实。用杯底压实饼干碎，不留空隙。放入冰箱冷藏。

制作蛋糕糊

现在开始一气呵成！一直搅就行了！

4

室温的奶油奶酪倒入盆中后，用打蛋器搅至稀软。

Point!

这里要搅拌均匀。要随时查看蛋糕糊是否残留颗粒。

5

幼砂糖分2～3次倒入盆中，搅拌时尽量让使蛋液充入空气。整体要搅至膨松、发白。

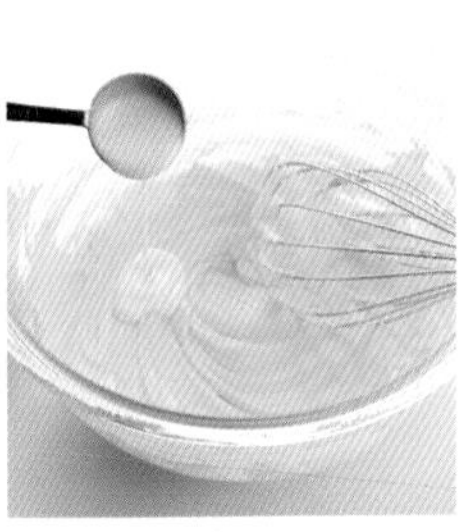

6

纯酸奶分2～3次加入盆中搅拌均匀。

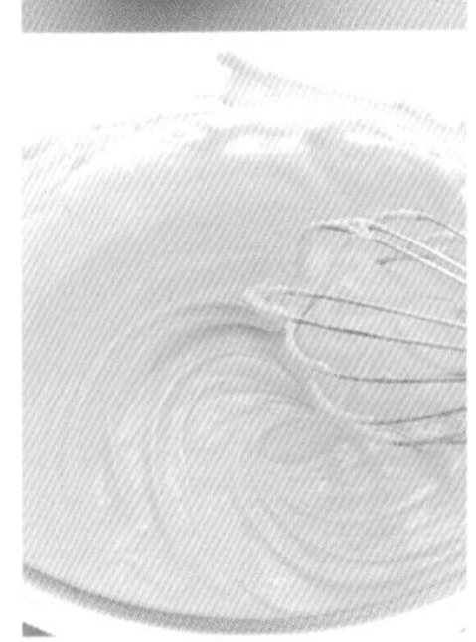

蛋糕糊渐渐黏稠细致。搅拌时注意要轻轻搅拌均匀。

7

加入柠檬汁搅匀。

8

加1大匙牛奶后继续搅拌。

9

泡胀的鱼胶粉放入微波炉加热20秒熔化后迅速倒入第8步盆中，此时要不停地搅打。

Point!

隔热水让其熔化也可。

10

换成橡皮刮刀将搅拌盆侧面粘的蛋糕糊都搅拌到。

装模凝固

你的冰箱里还有地方吗？

11

将蛋糕糊拿起缓缓倒入第3步的圆模中后，整体轻晃一下，抹平表面。

12

放入冰箱冷藏1～1.5小时凝固。

13

完全凝固后从冰箱取出，将毛巾沾湿，用微波炉加热1分钟后迅速贴在圆模四周。

Point!

这样圆模壁涂的黄油就会熔化。再整体贴一下就OK了。

找个比蛋糕模高的盒子（水杯、罐头盒等）垫在中央，扶住蛋糕模慢慢向下按。

抹刀插进垫在蛋糕底下的烤盘纸下面，使蛋糕底完全脱模。

菠萝半熟芝士蛋糕

Pineapple cheese cake

闪闪发光的菠萝十分可爱，
是一款有热带气息的芝士蛋糕。
柠檬提升了酸味，
有张有弛、口味厚重。

菠萝半熟芝士蛋糕

原料

直径15cm的活底圆模1个

奶油奶酪……………… 200g
幼砂糖……………………50g
纯酸奶（细滑型）…… 100g
柠檬汁………………… 1大匙
牛奶………………………50g
水 …………………… 2大匙
鱼胶粉 ………………… 5g
菠萝沙司
菠萝（生） ………… 150g
幼砂糖 ………………… 40g
柠檬汁 ……………… 1小匙
饼干底
黄油饼干 …… 60g（6片）
黄油（无盐） ………… 20g

预先准备

◆奶油奶酪置于室温，用汤匙轻压至凹陷程度即可。
◆纯酸奶、牛奶在计量后放入冰箱冷藏。
◆蛋糕模内侧轻轻涂一层黄油（原料重量不含），垫上烤盘纸。
◆做饼干底用的黄油切成1cm小块。
◆耐热容器中装水倒入鱼胶粉轻轻搅拌冷藏。

冷却时间→1～1.5小时
保存期限→冰箱冷藏2天

》制作饼干底

1. 黄油饼干捏碎，加入黄油揉匀后塞满蛋糕模，放置冰箱内冷藏。

》制作菠萝沙司

2. 菠萝切1cm的块，小锅里再放入幼砂糖、柠檬汁，开中火熬煮。取出晾凉（a）。

》制作蛋糕糊

3. 室温下的奶油奶酪倒入盆中后，用打蛋器搅至稀软。幼砂糖分2～3次倒入盆中，搅拌时尽量使蛋液充入空气。整体要搅至膨松、发白。
4. 纯酸奶分2～3次加入盆中搅拌均匀。再加入柠檬汁、1大匙牛奶后搅匀。
5. 泡胀的鱼胶粉放入微波炉加热20秒熔化后迅速倒入第4步盆中，此时要不停地搅打。
6. 加入第2步一半的菠萝沙司搅拌（b）。用橡皮刮刀将搅拌盆侧面粘的蛋糕糊都搅拌到。

》入模凝固

7. 将蛋糕糊拿起缓缓倒入圆模中后，整体轻晃一下，抹平表面。放入冰箱冷藏1～1.5小时凝固。
8. 完全凝固后从冰箱取出脱模，然后放上剩下的菠萝沙司（c）。

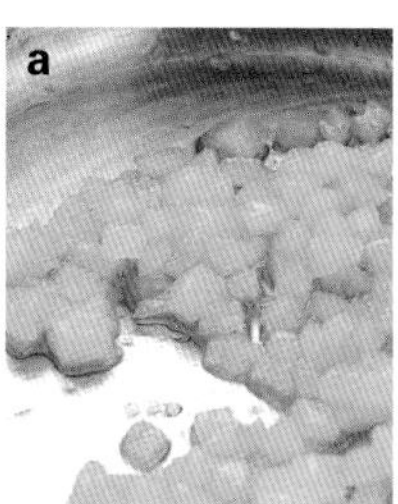

不停地搅拌，菠萝不要熬焦，待出现光泽、有透明感即可。

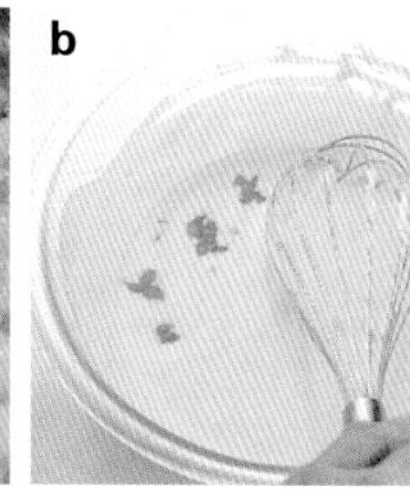

蛋糕糊中加入一半菠萝沙司搅拌。

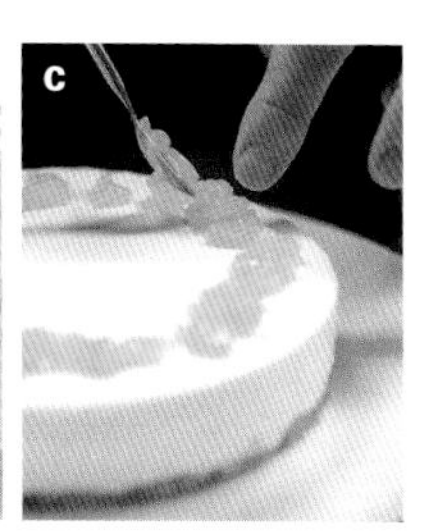

冷藏凝固后的蛋糕表面放上剩余的菠萝沙司。

杏肉酸味柔和，与芝士蛋糕真是绝配。
做成果酱后就把它的美味留在了蛋糕里。
顶层用色彩缤纷的水果点缀。

甜杏半熟芝士蛋糕

原料

直径15cm的活底圆模1个

奶油奶酪……………………… 200g
幼砂糖………………………………50g
纯酸奶（细滑型）……………50g
柠檬汁……………………………1大匙
杏肉（罐头）……………………1个
水 …………………………… 2大匙
鱼胶粉 ……………………… 5g

饼干底

黄油饼干 ………… 60g（6片）
黄油（无盐） ………………20g

酸奶味奶油霜

淡奶油(乳脂成分47%）…100ml
幼砂糖 ……………………… 1大匙
纯酸奶（细滑型） ……… 3大匙

水果（草莓、猕猴桃、香橙、香蕉、杏肉等个人喜欢的种类）
………………………… 适量

预先准备

◆奶油奶酪置于室温，用汤匙轻压至凹陷程度即可。
◆纯酸奶计量后放入冰箱冷藏。
◆用作奶油霜的淡奶油计量后装盆（中），放入冰箱冷藏。
◆蛋糕模内侧轻轻涂一层黄油（原料重量不含），垫上烤盘纸。
◆做饼干底用的黄油切成1cm小块。
◆耐热容器中装水倒入鱼胶粉，轻轻搅拌冷藏。

冷却时间→1～1.5小时
保存期限→冰箱冷藏2天

》处理杏肉

1. 取出沥过汁的罐头杏肉120g放入盆中（小），用叉子碾碎（a）。

》制作饼干底

2. 黄油饼干捏碎，加入黄油揉匀后塞满蛋糕模，放置冰箱内冷藏。

》制作蛋糕糊

3. 室温下的奶油奶酪倒入盆中（大），用打蛋器搅至稀软。幼砂糖分2～3次倒入盆中，搅拌时尽量使蛋液充入空气。整体要搅至膨松、发白。
4. 纯酸奶分2～3次加入盆中搅拌均匀。依次加入柠檬汁、第1步中的杏肉搅拌（b）。
5. 泡胀的鱼胶粉放入微波炉加热20秒熔化后迅速倒入盆中，此时要不停地搅打。用橡皮刮刀将搅拌盆侧面粘的蛋糕糊都搅拌到。

》入模凝固

6. 将蛋糕糊拿起缓缓倒入准备好的圆模中后，整体轻晃一下，抹平表面。放入冰箱中冷藏1～1.5小时凝固。完全凝固后从冰箱取出脱模。

》收尾

7. 水果均切成1cm的块。
8. 制作酸奶味奶油霜。在事先冷藏的淡奶油里加入幼砂糖发泡。搅打黏稠后加入纯酸奶，再用打蛋器翻搅，待奶油霜拉伸后慢慢打弯程度即可。
9. 在第6步的蛋糕表面涂抹第8步打好的奶油霜装饰水果（c）。

a

杏肉捞出滤汁后用叉子碾碎。

b

蛋糕糊中加入杏肉搅拌均匀。

c
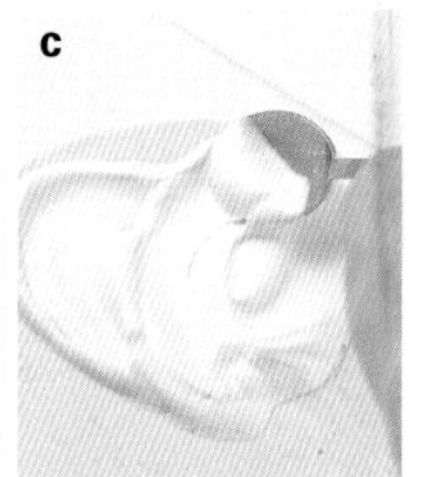
厚厚地涂上一层奶油霜后，用汤匙背做成花瓣形。

甜杏半熟芝士蛋糕

pricot
cheese cake

Ginger cheese cake ✣ 姜味半熟芝士蛋糕

鲜姜香辛口味的芝士蛋糕。
鲜姜熬煮后，
略有辣味，但口感细腻。

姜味半熟芝士蛋糕

原料

直径15cm的活底圆模1个

奶油奶酪……………… 200g
蜂蜜…………………… 2大匙
纯酸奶（细滑型）…… 100g
柠檬汁………………… 1小匙
牛奶…………………… 50g
水 …………………… 2大匙
鱼胶粉 ……………… 5g

鲜姜泥

鲜姜（削皮）………… 10g
幼砂糖 ……………… 1大匙

饼干底

黄油饼干 …… 60g（6片）
黄油（无盐）………… 20g

装饰

鲜姜（削皮）………… 10g
幼砂糖 ……………… 1大匙
柠檬皮（只要黄色）……适量

预先准备

◆奶油奶酪置于室温，用汤匙轻压至凹陷程度即可。
◆纯酸奶在计量后放入冰箱冷藏。
◆蛋糕模内侧轻轻涂一层黄油（原料重量不含），垫上烤盘纸。
◆做饼干底用的黄油切成1cm小块。
◆耐热容器中装水倒入鱼胶粉轻轻搅拌后冷藏。

冷却时间→1～1.5小时
保存期限→冰箱冷藏2天

》制作鲜姜泥

1. 鲜姜擦成泥后用耐热容器盛装，加幼砂糖后盖保鲜膜，放入微波炉中加热30秒后冷却（a）。

》制作饼干底

2. 黄油饼干捏碎，加入黄油揉匀后塞满蛋糕模，放置冰箱内冷藏。

》制作蛋糕糊

3. 室温下的奶油奶酪倒入盆中后，用打蛋器搅至稀软。
4. 盆中加入蜂蜜，搅拌时尽量使蛋液充入空气。整体要搅至膨松、发白（b）。
5. 纯酸奶分2～3次加入盆中，搅拌均匀。依次加入柠檬汁、1大匙牛奶和第1步的鲜姜泥后搅匀（c）。
6. 泡胀的鱼胶粉放入微波炉加热，20秒熔化后迅速倒入盆中，此时要不停地搅打。用橡皮刮刀将搅拌盆侧面粘的蛋糕糊都搅拌到。

》入模凝固

7. 将第6步的蛋糕糊拿起缓缓倒入圆模中后，整体轻晃一下抹平表面。放入冰箱中冷藏1～1.5小时凝固。

》收尾

8. 将装饰用的鲜姜擦成泥放入耐热容器中，加幼砂糖盖保鲜膜后，放入微波炉加热30秒后冷却。柠檬皮切丝。
9. 脱模后，表面装点鲜姜泥和柠檬皮。

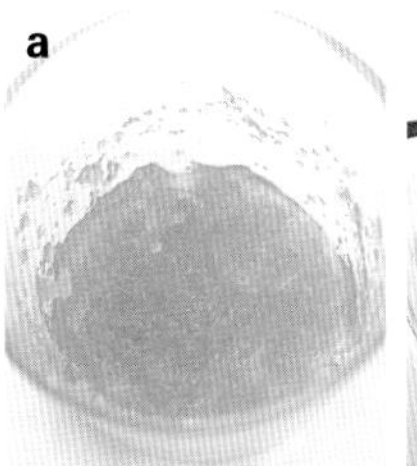

a 微波炉加热冷却后的鲜姜泥很通透。

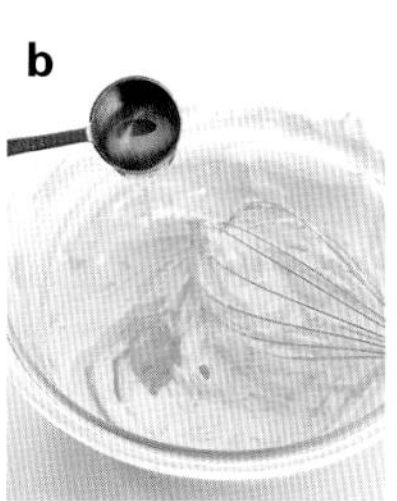

b 待奶油奶酪搅成细致的糊状后加蜂蜜。

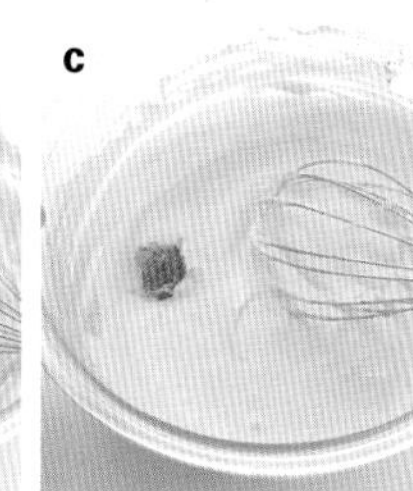

c 蛋糕糊中加入鲜姜泥，搅拌均匀。

奶茶半熟芝士蛋糕

Milk tea cheese cake

这款蛋糕的奶茶味能令人放松心情，也是其魅力所在。
用少量的热水充分蒸烤，还要准备一杯浓茶。
饼干撒上后若隐若现是最大的卖点！

奶茶半熟芝士蛋糕

原料

直径15cm的活底圆模1个

奶油奶酪……200g
幼砂糖……50g
红茶叶（可根据喜好调整）…2小匙
热水……100ml
牛奶……适量
肉桂粉……少量
| 水……2大匙
| 鱼胶粉……5g
饼干（手指饼）……4根

饼干底

| 黄油饼干……60g（6片）
| 黄油（无油）……20g

装饰

饼干（手指饼）……2根

预先准备

◆奶油奶酪置于室温，用汤匙轻压至凹陷程度即可。
◆蛋糕模内侧轻轻涂一层黄油（原料重量不含），垫上烤盘纸。
◆饼干切成7mm的块。
◆做饼干底用的黄油切成1cm小块。
◆耐热容器中装水，倒入鱼胶粉轻轻搅拌冷藏。

冷却时间→1～1.5小时
保存期限→冰箱冷藏2天

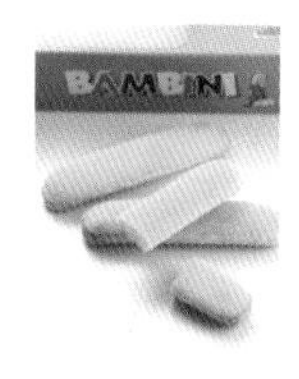

饼干（手指饼）
拥有松脆口感的饼干提升了这款蛋糕的独特性。夹在蛋糕里的饼干筋道，再配上装饰在上面的饼干，真是各种口感欢聚一堂啊。

》制作奶茶

1. 茶杯中加红茶叶倒热水，盖好保鲜膜蒸5分钟后制成浓茶，然后用茶滤过滤一下。
2. 第1步的茶中加入150ml牛奶，撒上肉桂粉后搅拌，然后晾凉（a）。

》制作饼干底

3. 黄油饼干捏碎，加入黄油揉匀后塞满蛋糕模，放置冰箱内冷藏。

》制作蛋糕糊

4. 室温下的奶油奶酪倒入盆中后，用打蛋器搅至稀软。幼砂糖分2～3次加入盆中，搅拌时尽量使蛋液充入空气。整体要搅至膨松、发白。
5. 将第2步的奶茶一匙一匙加入盆中，此时另一只手要不断地搅拌。
6. 泡胀的鱼胶粉放入微波炉加热20秒，熔化后迅速倒入盆中，此时要不停地搅打。

7. 加入切好的饼干后用橡皮刮刀将搅拌盆侧面粘的蛋糕糊都搅拌到（b）。

》入模凝固

8. 将第7步的蛋糕糊拿起缓缓倒入圆模中后，整体轻晃一下，抹平表面。放入冰箱中冷藏1～1.5小时凝固。
9. 凝固后脱模，撒上装饰用的饼干（c）。

a

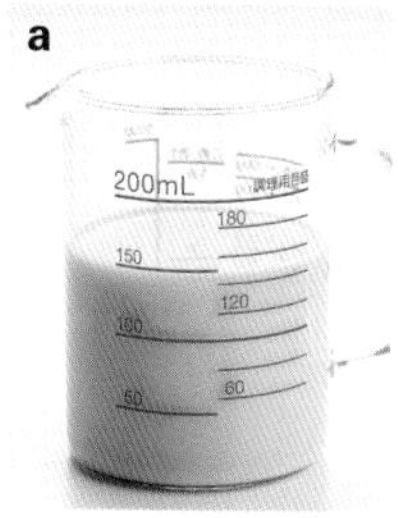

浓茶里加入150ml牛奶，撒上肉桂粉。

b

倒入切好的饼干，搅拌时注意不要把饼干弄碎。

c

冷藏凝固后，将装饰用的饼干撒在蛋糕表面，撒成圆形。

这是一款纯白和粉红相间，看上去非常可爱的甜品。
做好的蛋糕里其实藏着酸甜可口的覆盆子。
既能欣赏白色的纯洁，又能玩味融合覆盆子制成的粉红果酱带来的惊喜。

覆盆子半熟芝士蛋糕

原料

直径15cm的活底圆模1个

- 奶油奶酪……………… 200g
- 幼砂糖…………………… 50g
- 纯酸奶（细滑型）…… 100g
- 柠檬汁………………… 1大匙
- 杏肉（罐头）…………… 1个
- 水 ……………………… 2大匙
- 鱼胶粉 ………………… 5g
- 牛奶…………………… 1大匙
- 覆盆子（新鲜或冷冻）… 40g

覆盆子果酱

- 覆盆子（新鲜或冷冻）… 60g
- 幼砂糖 ……………… 1大匙

饼干底

- 黄油饼干 60g …… （6片）
- 黄油（无盐） ………… 20g

装饰

- 覆盆子（新鲜或冷冻）…适量

预先准备

◆奶油奶酪置于室温，用汤匙轻压至凹陷程度即可。
◆纯酸奶、牛奶在计量后放入冰箱冷藏。
◆蛋糕模内侧轻轻涂一层黄油（原料重量不含），垫上烤盘纸。
◆做饼干底用的黄油切成1cm小块。
◆耐热容器中装水倒入鱼胶粉，轻轻搅拌后冷藏。

冷却时间→1.5～2小时
保存期限→冰箱冷藏2天

》制作覆盆子果酱

1. 耐热容器中加入覆盆子和幼砂糖，在微波炉里加热1分钟后，碾成泥状（a）。

》制作饼干底

2. 黄油饼干捏碎，加入黄油揉匀后塞满蛋糕模，放置冰箱内冷藏。

》制作覆盆子蛋糕糊

3. 室温下的奶油奶酪倒入盆中后，用打蛋器搅至稀软。幼砂糖分2～3次加入盆中，搅拌时尽量使蛋液充入空气。整体要搅至膨松、发白。
4. 纯酸奶分2～3次加入盆中搅拌均匀。再加入柠檬汁搅拌。
5. 泡胀的鱼胶粉放入微波炉加热20秒，熔化后迅速倒入盆中，此时要不停地搅打。用橡皮刮刀将搅拌盆侧面粘的蛋糕糊都搅拌到。
6. 将第5步的蛋糕糊取出150g放入其他盆中（小）。
7. 剩下的蛋糕糊里加牛奶、覆盆子（用手掰成两半）（b），每加一种都要搅拌均匀。用橡皮刮刀将搅拌盆侧面粘的蛋糕糊都搅拌到。

》入模凝固

8. 将第7步的蛋糕糊拿起缓缓倒入圆模中后，整体轻晃一下，抹平表面。放入冰箱冷藏5分钟凝固。

》制作果酱，凝固

9. 事先分出来的蛋糕糊中加入第1步的果酱，加以搅拌。
10. 然后倒在第8步已经做好的蛋糕糊上，抹平后放入冰箱冷藏1.5～2小时，使其凝固（c）。
＊这步中，白色蛋糕糊未完全凝固也没关系。
11. 充分凝固后脱模，装饰覆盆子。

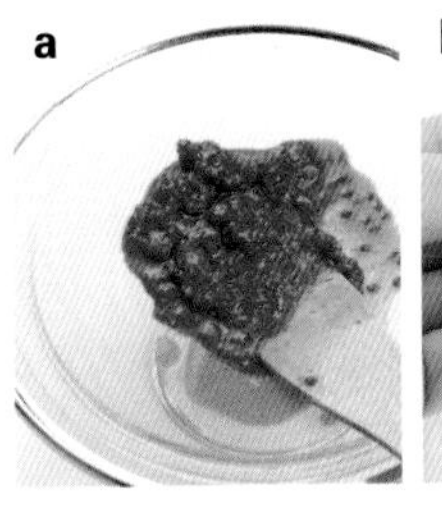

覆盆子要认真碾碎。

蛋糕糊里加入掰好的覆盆子。

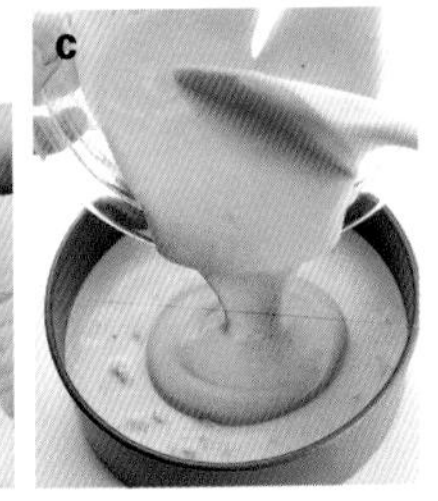

将果酱蛋糕糊缓缓倒在事先冷凝好、含覆盆子的白蛋糕糊上，做出层次感。

覆盆子半熟芝士蛋糕

Raspberry cheese cake

基础慕斯芝士蛋糕

普通芝士蛋糕上要加入酸奶，
这款替换成了打发的淡奶油。
这样一来，芝士蛋糕口感就轻盈、膨松非常柔和了。
芝士口味也弱化了。回味也非常清爽。

原料

直径15cm的活底圆模1个

奶油奶酪……………… 150g
幼砂糖……………………… 40g
牛奶……………………… 100g
柠檬汁………………… 1小匙
水 …………………… 2大匙
鱼胶粉 ………………… 5g
淡奶油（乳脂含量47%）
……………………… 150g
幼砂糖 ……………… 1大匙

饼干底

黄油饼干 …… 60g（6片）
黄油（无盐） ………… 20g

预先准备

◆奶油奶酪置于室温，用汤匙轻压至凹陷程度即可。
◆牛奶在计量后放入冰箱冷藏。
◆搅拌盆（中）倒入量好的淡奶油，使用前放入冰箱冷藏。
◆蛋糕模内侧轻轻涂一层黄油（原料重量不含），垫上烤盘纸。
◆做饼干底用的黄油切成1cm小块。
◆耐热容器中装水倒入鱼胶粉，轻轻搅拌后冷藏。

冷却时间→1～1.5小时
保存期限→冰箱冷藏2天

小贴士

淡奶油计量好后连盆一起放入冰箱冷藏。
发泡时打蛋器能挂上浓稠的糊，就可以停止了。

制作饼干底

铺满压实就可以了！

1

将黄油饼干放进厚袋子里用手捏碎，加入切好的黄油揉匀，让黄油融入饼干中。将饼干平铺于圆模底部压实，放入冰箱冷藏。

制作蛋糕糊

加入发泡的淡奶油。

2

室温下的奶油奶酪倒入盆中后，用打蛋器搅至稀软。

Point!

这里要搅拌均匀。要随时查看蛋糕糊是否残留颗粒。

3

幼砂糖分2～3次倒入盆中，搅拌时尽量使蛋液充入空气。整体要搅至膨松、发白。

4

牛奶一匙一匙盛入盆中搅拌均匀。

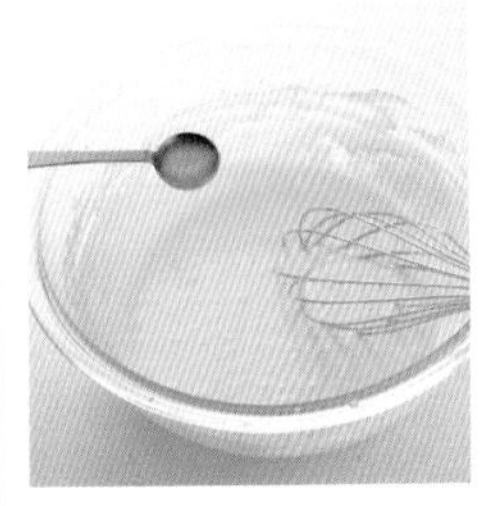

5

加入柠檬汁搅匀。

6

泡胀的鱼胶粉放入微波炉加热20秒，熔化后搅匀，倒入第5步的蛋糕糊中迅速搅打。用橡皮刮刀将搅拌盆侧面粘的蛋糕糊都搅拌到。

Point!

隔热水让其熔化也可。

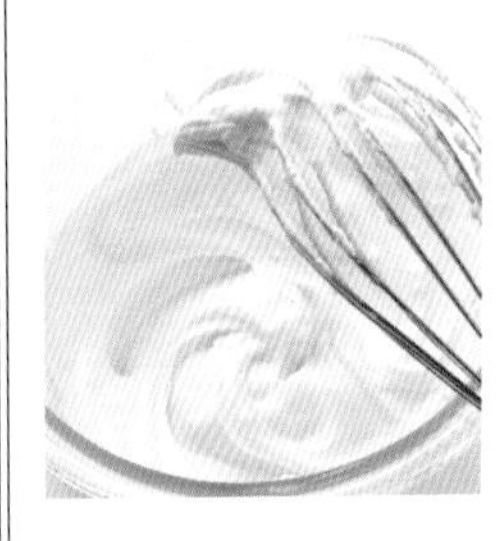

7

冷藏过的淡奶油中加幼砂糖后，打发到奶油软硬和第6步的蛋糕糊差不多，奶油糊表面有打蛋器划过的痕迹就可以了。

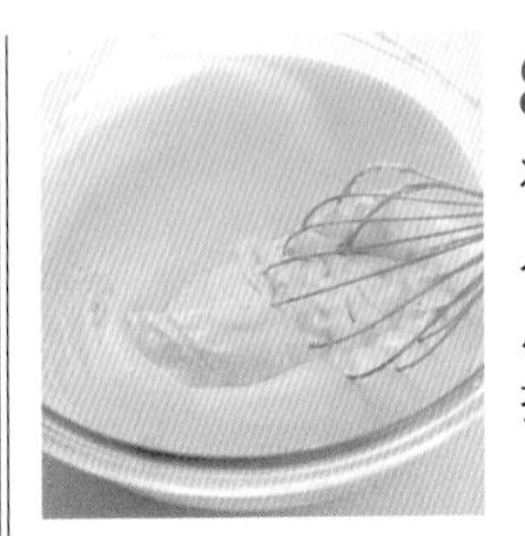

8

将第7步的奶油糊倒入第6步蛋糕糊中，用打蛋器迅速搅拌。

9

换成橡皮刮刀将搅拌盆侧面粘的蛋糕糊都搅拌到。

装模凝固

你的冰箱里还有地方吗?

10

将蛋糕糊拿起缓缓倒入第1步的圆模中，整体轻晃一下，抹平表面。

11

放入冰箱中冷藏1～1.5小时凝固。

12

完全凝固后从冰箱取出，将毛巾沾湿，用微波炉加热1分钟后迅速紧贴在圆模四周。

Point!

这样圆模壁涂的黄油就会熔化。再整体贴一下就OK了。

13

找个比蛋糕模高的盒子（水杯、罐头盒等）垫在中央，扶住蛋糕模慢慢向下按。

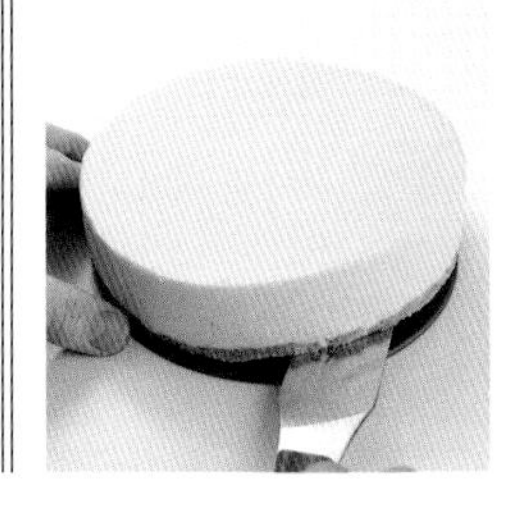

14

抹刀插进垫在蛋糕底下的烤盘纸下面，使蛋糕底完全脱模。

✣ 巧克力薄荷半熟芝士蛋糕

Mint & chocolate cheese cake

薄荷的清爽，
配合巧克力的微苦，
这对组合无论谁都会赞不绝口。
搭配奶香浓郁的奶油奶酪，
更是极品。

巧克力薄荷半熟芝士蛋糕

原料

直径15cm的活底圆模1个

奶油奶酪…………………… 150g
幼砂糖…………………………40g
牛奶……………………………75g
薄荷利口酒……………… 3大匙
| 水 ……………………… 2大匙
| 鱼胶粉 ………………………5g
| 淡奶油（乳脂含量47%）
| ………………………… 150g
| 幼砂糖 ………………… 1大匙
巧克力板………………………20g
饼干底
| 黄油饼干 …… 60g（6片）
| 黄油（无盐） …………20g

预先准备

◆奶油奶酪置于室温，用汤匙轻压至凹陷程度即可。
◆牛奶在计量后放入冰箱冷藏。
◆搅拌盆（中）倒入量好的淡奶油，使用前放入冰箱冷藏。
◆蛋糕模内侧轻轻涂一层黄油（原料重量不含），垫上烤盘纸。
◆做饼干底用的黄油切成1cm小块。
◆巧克力板切碎。
◆耐热容器中装水倒入鱼胶粉，轻轻搅拌后冷藏。

冷却时间→1～1.5小时
保存期限→冰箱冷藏2天

》制作饼干底

1. 将黄油饼干放进厚袋子里用手捏碎，加入切好的黄油揉匀，让黄油融入饼干中。将饼干平铺于圆模底部压实，放入冰箱冷藏。

》制作蛋糕糊

2. 室温下的奶油奶酪倒入盆中（大）后，用打蛋器搅至稀软。幼砂糖分2～3次倒入盆中，搅拌时尽量使蛋液充入空气。整体要搅至膨松、发白。
3. 牛奶一匙一匙盛入盆中，再加上薄荷利口酒搅拌均匀。
4. 泡胀的鱼胶粉放入微波炉加热20秒，熔化后搅匀，倒入第3步的蛋糕糊中迅速搅打。用橡皮刮刀将搅拌盆侧面粘的蛋糕糊都搅拌到。
5. 冷藏过的淡奶油中加幼砂糖，打发至奶油软硬和蛋糕糊差不多，奶油糊表面有打蛋器划过的痕迹就可以了。然后倒入第4步蛋糕糊中迅速搅拌。
6. 加入巧克力碎搅匀。

》装模凝固

7. 将蛋糕糊拿起缓缓倒入第1步的圆模中，整体轻晃一下，抹平表面。放入冰箱中冷藏1～1.5小时凝固。完全凝固后脱模。

草莓半熟芝士蛋糕

Strawberry cheese cake

这款蛋糕加入大量多汁的草莓，
呈现出淡淡的粉红色。
适合于作为生日或大型纪念日的礼物馈赠亲友。
只有新鲜草莓才能做出这样的味道。

草莓半熟芝士蛋糕

原料

直径15cm的活底圆模1个

奶油奶酪…………………… 150g
幼砂糖…………………………… 50g
牛奶……………………………… 50g
| 草莓（熟透）……… 100g
| 幼砂糖 ………………… 1大匙
| 柠檬汁 ………………… 1小匙
| 水 ……………………… 2大匙
| 鱼胶粉 ………………… 5g
| 淡奶油（乳脂成分47%）
| ………………………… 150g
| 幼砂糖 ………………… 1大匙

饼干底

| 黄油饼干 …… 60g（6片）
| 黄油（无盐）………… 20g

装饰

草莓（熟透）……………… 3个
| 淡奶油 ……………………… 50g
| 幼砂糖 ………………… 1小匙

预先准备

◆奶油奶酪置于室温，用汤匙轻压至凹陷程度即可。
◆牛奶在计量后放入冰箱冷藏。
◆装饰用的淡奶油量好倒入搅拌盆（中或小），使用前放入冰箱冷藏。
◆蛋糕模内侧轻轻涂一层黄油（原料重量不含），垫上烤盘纸。
◆做饼干底用的黄油切成1cm小块。
◆耐热容器中装水倒入鱼胶粉轻轻搅拌后冷藏。

特殊用具→裱花袋、裱花嘴
冷却时间→1～1.5小时
保存期限→冰箱冷藏2天

》处理草莓

1. 夹在蛋糕里的草莓去蒂切成1cm的丁，用叉子碾碎后加入幼砂糖和柠檬汁搅匀（a）。

》制作饼干底

2. 将黄油饼干放进厚袋子里用手捏碎，加入切好的黄油揉匀，让黄油融入饼干中。将饼干平铺于圆模底部压实，放入冰箱冷藏。

》制作草莓蛋糕糊

3. 室温下的奶油奶酪倒入盆中（大）后，用打蛋器搅至稀软。幼砂糖分2～3次倒入盆中，搅拌时尽量使蛋液充入空气。整体要搅至膨松、发白。

4. 牛奶一匙一匙盛入盆中，再加上第1步的草莓搅拌均匀。

5. 泡胀的鱼胶粉放入微波炉加热20秒，熔化后搅匀，倒入第4步的蛋糕糊中迅速搅打。用橡皮刮刀将搅拌盆侧面粘的蛋糕糊都搅拌到。

6. 冷藏过的淡奶油中加幼砂糖，打发至奶油软硬和蛋糕糊差不多，奶油糊表面有打蛋器划过的痕迹就可以了。然后倒入第5步蛋糕糊中迅速搅拌（b）。

》装模凝固

7. 将蛋糕糊拿起缓缓倒入第2步的圆模中，整体轻晃一下，抹平表面。放入冰箱冷藏1～1.5小时凝固。完全凝固后脱模。

》装饰

8. 冷藏过的淡奶油中加幼砂糖发泡。搅打黏稠后加入淡奶油，再用打蛋器翻搅，待淡奶油拉伸后慢慢打弯程度即可。

9. 裱花袋装好裱花嘴，将第8步的奶油挤在蛋糕上（c），草莓切开装饰在上面。

*装饰用的奶油和草莓的数量可按人数增减。

a

草莓碾成泥后，加入柠檬汁颜色会更鲜艳。

b

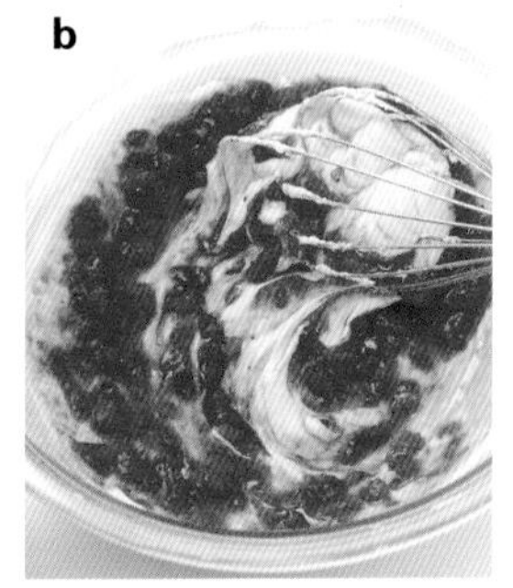

蛋糕糊中加入草莓泥，用打蛋器搅匀。

c

凝固的蛋糕上挤上发好泡的奶油，再装饰上草莓。

葡萄汁半熟芝士蛋糕

Grape juice cheese cake

松软的蛋糕里藏着多汁的果冻。
这款蛋糕口感与众不同，口中蔓延开来的果汁味妙不可言，
“切开后的断面太美了！”我仿佛听到了大家的称赞。

葡萄汁半熟芝士蛋糕

原料

直径15cm的活底圆模1个

奶油奶酪……………… 150g
幼砂糖……………………40g
葡萄汁（果汁100%）…100ml
柠檬汁…………………1小匙
水 ……………………2大匙
鱼胶粉 ………………… 5g
淡奶油（乳脂成分47%）
……………………… 150g
幼砂糖 ………………1大匙

葡萄果冻

葡萄汁（果汁100%）
………………………150ml
幼砂糖 ………………2大匙
水 ……………………2大匙
鱼胶粉 ……………… 5g
色拉油 ……………… 少量

饼干底

黄油饼干 …… 60g（6片）
黄油（无盐） …………20g

*除了葡萄汁，用橙汁或胡萝卜汁也可。

预先准备

◆奶油奶酪置于室温，用汤匙轻压至凹陷程度即可。
◆装饰用的淡奶油量好倒入搅拌盆（中），使用前放入冰箱冷藏。
◆蛋糕模内侧轻轻涂一层黄油（原料重量不含），垫上烤盘纸。
◆做饼干底用的黄油切成1cm小块。
◆耐热容器中装水倒入鱼胶粉轻轻搅拌后冷藏。

冷却时间→1～1.5小时
保存期限→冰箱冷藏2天

》制作葡萄果冻

1. 葡萄汁里加幼砂糖搅匀。

2. 泡胀的鱼胶粉放入微波炉加热20秒，熔化后搅匀，再加入第1步的葡萄汁里迅速搅打。

3. 在平盘（10cm×13cm）里抹上一层色拉油，倒入第2步盆中冷藏。待凝固后切成1cm的块（a）。

*平盘里抹上一层色拉油可以使果冻不粘盘。

》制作饼干底

4. 将黄油饼干放进厚袋子里用手捏碎，加入切好的黄油揉匀，让黄油融入饼干中。将饼干平铺于圆模底部压实，放入冰箱冷藏。

》制作蛋糕糊

5. 室温下的奶油奶酪倒入盆中（大）后，用打蛋器搅至稀软。幼砂糖分2～3次倒入盆中，搅拌时尽量使蛋液充入空气。整体要搅至膨松、发白。

6. 一匙一匙将葡萄汁加入盆中（b），再倒入柠檬汁迅速搅拌。

7. 泡胀的鱼胶粉放入微波炉加热20秒，熔化后搅匀，倒入第6步的蛋糕糊中迅速搅打。用橡皮刮刀将搅拌盆侧面粘的蛋糕糊都搅拌到。

8. 冷藏过的淡奶油中加幼砂糖，打发至奶油软硬和蛋糕糊差不多，奶油糊表面有打蛋器划过的痕迹就可以了。然后倒入第7步蛋糕糊中迅速搅匀。

9. 加入第3步的葡萄果冻，用橡皮刮刀搅匀（c）。

》入模凝固

10. 将蛋糕糊拿起缓缓倒入第4步的圆模中，整体轻晃一下，抹平表面。放入冰箱中冷藏1～1.5小时凝固。完全凝固后脱模。

a

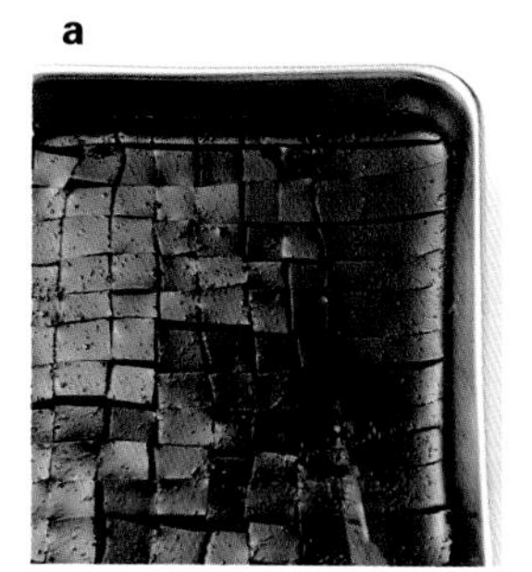

葡萄果冻切成1cm的块，最后要倒入蛋糕糊里。

b

蛋糕糊里加入葡萄汁搅拌均匀。

c

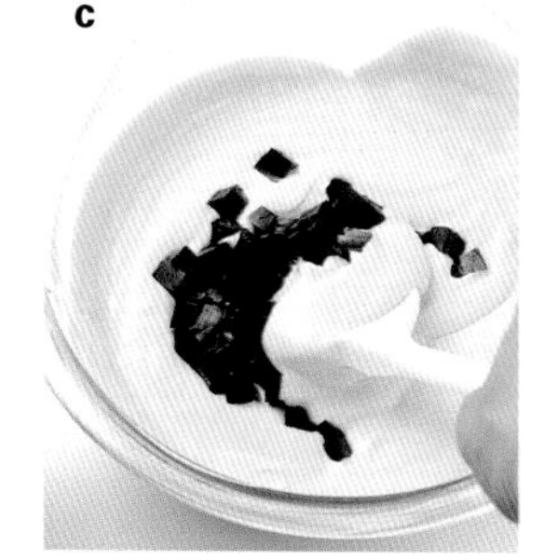

蛋糕糊里加入葡萄果冻，搅拌时注意不要把果冻搅碎。

Mango cheese cake ✣ 芒果半熟芝士蛋糕

芒果的果肉夹在蛋糕里，同时也要做装饰。这款蛋糕酸甜适中，飘着热带水果的香味，在口中蔓延开来更是美妙无比。

芒果半熟芝士蛋糕

原料

直径15cm的活底圆模1个

奶油奶酪……………… 150g
幼砂糖……………………… 20g
芒果汁………………… 100ml
- 水 …………………… 2大匙
- 鱼胶粉 ………………… 5g
- 淡奶油（乳脂成分47%）……………………… 150g
- 幼砂糖 ……………… 1大匙

芒果汁

- 芒果 ………………… 100g
- 幼砂糖 ……………… 2大匙
- 芒果汁 ……………… 1小匙

饼干底

- 黄油饼干 …… 60g（6片）
- 黄油（无盐） ………… 20g

装饰

- 芒果 ………………… 适量
- 淡奶油 ……………… 50g
- 幼砂糖 ……………… 1小匙

预先准备

◆奶油奶酪置于室温，用汤匙轻压至凹陷程度即可。
◆做蛋糕和装饰用的淡奶油量好倒入搅拌盆（中或小），使用前放入冰箱冷藏。
◆蛋糕模内侧轻轻涂一层黄油（原料重量不含），垫上烤盘纸。
◆做饼干底用的黄油切成1cm小块。
◆耐热容器中装水倒入鱼胶粉轻轻搅拌后冷藏。

特殊用具→裱花袋、裱花嘴
冷却时间→1～1.5小时
保存期限→冰箱冷藏2天

》制作芒果沙司

1. 耐热容器中加入芒果、幼砂糖和柠檬汁，盖上保鲜膜放入微波炉里加热1分30秒，待晾凉后放入冰箱中冷藏（a）。

》制作饼干底

2. 将黄油饼干放进厚袋子里用手捏碎，加入切好的黄油揉匀，让黄油融入饼干中。将饼干平铺于圆模底部压实，放入冰箱冷藏。

》制作蛋糕糊

3. 室温下的奶油奶酪倒入盆中（大）后，用打蛋器搅至稀软。幼砂糖分2～3次倒入盆中，搅拌时尽量使蛋液充入空气。整体要搅至膨松、发白。

4. 一匙一匙将芒果汁加入盆中迅速搅拌。

5. 泡胀的鱼胶粉放入微波炉，加热20秒熔化后搅匀，倒入第4步的蛋糕糊中迅速搅打。用橡皮刮刀将搅拌盆侧面粘的蛋糕糊都搅拌到。

6. 将冷藏过的芒果汁先倒入一半搅拌，然后再倒入剩下的一半搅匀。

7. 冷藏过的淡奶油中加幼砂糖，打发至奶油软硬和蛋糕糊差不多，奶油糊表面有打蛋器划过的痕迹就可以了。然后倒入第6步蛋糕糊中迅速搅匀。

》入模凝固

8. 将蛋糕糊拿起缓缓倒入第2步的圆模中，整体轻晃一下，抹平表面。放入冰箱中冷藏1～1.5小时凝固。完全凝固后脱模。

》装饰

9. 冷藏过的淡奶油中加幼砂糖发泡。搅打黏稠拉伸后慢慢打弯程度即可。

10. 裱花袋装好裱花嘴，将第9步的奶油挤在蛋糕上，挤成圆形后装饰芒果。

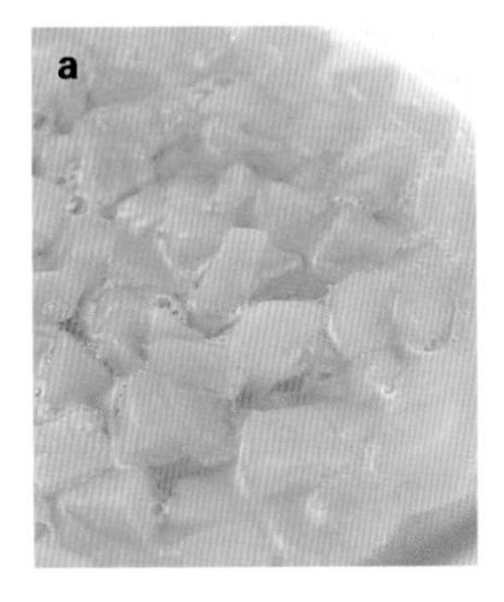

鲜芒果里含某种酶，鱼胶粉难以凝固，加热后才可使用。

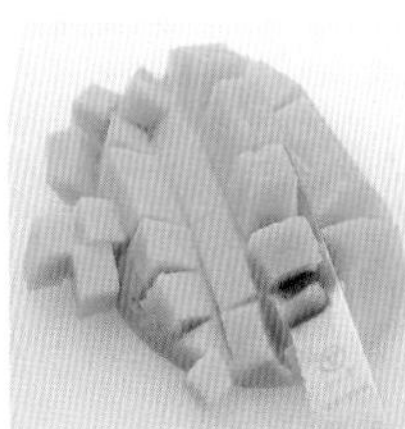

*芒果 1个切3片（将果核夹在中间），一片用作装饰，剩下的另一片和有果核那片周围的果肉用作沙司（左）。无果核部分的果肉切成网状（果皮不要切断），用小刀将果肉切下（右）。有果核的部分去皮后切成同样大小的块。

Chocolate cheese cake ✣ 巧克力半熟芝士蛋糕

可可微苦的香气弥漫开来，
是一款最标准的巧克力芝士蛋糕。可可粉和匀，
把这个香味发挥到极致吧。

巧克力半熟芝士蛋糕

原料

直径15cm的活底圆模1个

奶油奶酪…………………150g
幼砂糖………………………40g
牛奶………………………100ml
| 水 ………………………2大匙
| 鱼胶粉 ……………………5g
| 淡奶油（乳脂成分47%）
| ………………………150g
| 幼砂糖 ………………1大匙
可可酱
| 可可粉 ………………2大匙
| 幼砂糖 ………………1大匙
| 热水 …………………1小匙
饼干底
| 黄油饼干 ……60g（6片）
| 黄油（无盐） …………20g
| 可可粉 ………………1小匙
装饰
巧克力板……………………6片

预先准备

- 奶油奶酪置于室温，用汤匙轻压至凹陷程度即可。
- 牛奶量好后放入冰箱冷藏。
- 淡奶油量好倒入搅拌盆（中），使用前放入冰箱冷藏。
- 蛋糕模内侧轻轻涂一层黄油（原料重量不含），垫上烤盘纸。
- 做饼干底用的黄油切成1cm小块。
- 耐热容器中装水倒入鱼胶粉，轻轻搅拌后冷藏。

特殊用具→心形钢模
冷却时间→1～1.5小时
保存期限→冰箱冷藏2天

》**制作可可酱**

1. 可可粉混合幼砂糖加热水和匀（a）。

*仔细搅拌可以提升可可的香气，糖溶化后也会出现光泽。

》**制作饼干底**

2. 将黄油饼干放进厚袋子里用手捏碎，加入切好的黄油和可可粉揉匀，让黄油融入饼干中。将饼干平铺于圆模底部压实，放入冰箱冷藏。

》**制作蛋糕糊**

3. 室温下的奶油奶酪倒入盆中（大）后，用打蛋器搅至稀软。幼砂糖分2～3次倒入盆中，搅拌时尽量使蛋液充入空气。整体要搅至膨松、发白。

4. 加入第1步的可可酱（b），牛奶一匙一匙加入盆中汁迅速搅拌。

5. 泡胀的鱼胶粉放入微波炉加热20秒熔化后搅匀，倒入第4步的蛋糕糊中迅速搅打。用橡皮刮刀将搅拌盆侧面粘的蛋糕糊都搅拌到。

6. 冷藏过的淡奶油中加幼砂糖，打发至奶油软硬和蛋糕糊差不多，奶油糊表面有打蛋器划过的痕迹就可以了。然后倒入第5步蛋糕糊中迅速搅匀。

》**入模凝固**

7. 将蛋糕糊拿起缓缓倒入第2步的圆模中，整体轻晃一下，抹平表面。放入冰箱中冷藏1～1.5小时凝固。完全凝固后脱模。

》**裱花**

8. 心形钢模浸泡热水温度上升后，在巧克力板上扣出心形装饰在蛋糕上。

a

可可粉混合幼砂糖加入热水，搅拌至出现光泽、飘出香味即可。

b

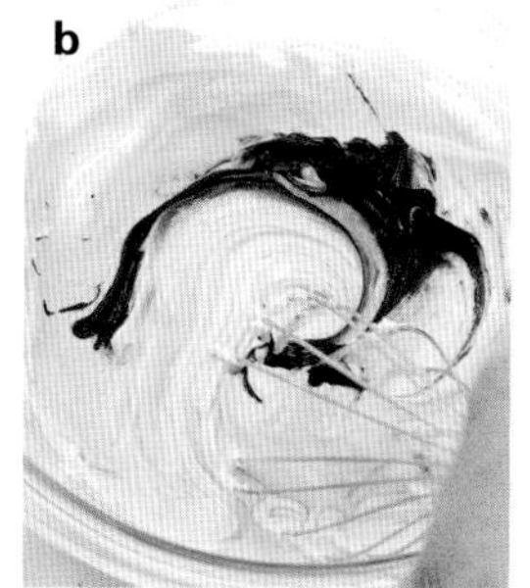

加好幼砂糖的奶油奶酪里倒入可可酱，搅匀。

c

用热水把心形钢模烫一下，用厨房用纸擦干净后趁热扣出心形。

豆腐抹茶半熟芝士蛋糕

Tofu & green tea cheese cake

低热量蛋糕。取代淡奶油，
用豆腐做的健康蛋糕。
加入日式食材，那味道令整个人放松下来，
搭配日本抹茶也是不错的选择哦。

豆腐抹茶半熟芝士蛋糕

原料

直径15cm的活底圆模1个

内脂豆腐………1盒（250g）
幼砂糖……………………60g
奶油奶酪………………150g
| 水 ……………………2大匙
| 鱼胶粉 …………………5g
| 抹茶 …………………2小匙
| 热水 …………………1大匙

饼干底
| 黄油饼干 …… 60g（6片）
| 黄油（无盐） …………20g

预先准备

◆奶油奶酪置于室温，用汤匙轻压至凹陷程度即可。
◆蛋糕模内侧轻轻涂一层黄油（原料重量不含），垫上烤盘纸。
◆做饼干底用的黄油切成1cm小块。
◆耐热容器中装水倒入鱼胶粉轻轻搅拌后冷藏。
◆抹茶加热水搅匀。

冷却时间→1～1.5小时
保存期限→冰箱冷藏2天

》制作饼干底

1. 将黄油饼干放进厚袋子里用手捏碎，加入切好的黄油和可可粉揉匀，让黄油融入饼干中。将饼干平铺于圆模底部压实，放入冰箱冷藏。

》制作豆腐蛋糕糊

2. 内脂豆腐沥水放入耐热容器，盖上保鲜膜微波炉加热1分30秒。
3. 第2步中的豆腐过筛（a），加入幼砂糖后用打蛋器搅匀冷藏。

*筛子网眼太大时可以过两次筛。加入幼砂糖可以遮盖豆腐特有的腥味。

4. 室温下的奶油奶酪倒入盆中（大）后，用打蛋器搅至稀软。第3步豆腐泥分2～3次倒入盆中搅匀。
5. 泡胀的鱼胶粉放入微波炉加热20秒熔化后搅匀，倒入第4步的蛋糕糊中迅速搅打。用橡皮刮刀将搅拌盆侧面粘的蛋糕糊都搅拌到。

》制作抹茶蛋糕糊

6. 取出第5步的豆腐泥150g加在其他盆（小）里，再从中取出少量加在备好的抹茶（b）里搅拌。搅匀后倒回小盆中，用打蛋器搅匀。

*抹茶先和少量的蛋糕糊搅拌，便于搅拌均匀。

》画出大理石花纹

7. 将豆腐蛋糕糊缓缓倒入第1步的圆模里，大约5mm厚。然后将两种蛋糕糊拿起交替着分3～4次淋在上面（c），用竹签大幅度搅动，画出大理石图案。
8. 冷藏1～1.5小时凝固。待充分凝固后脱模。

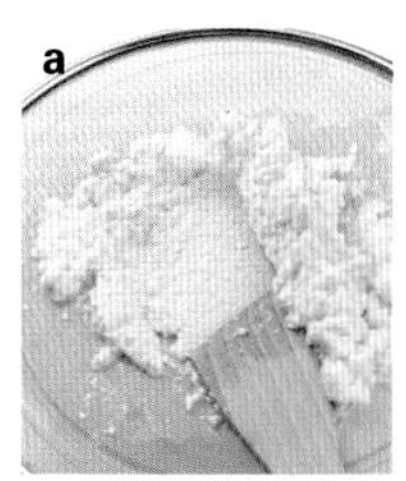

a 内脂豆腐用微波炉加热后过筛。

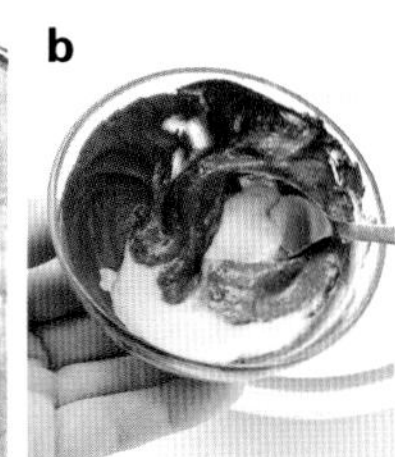

b 在热水溶化好的抹茶里加入少量豆腐泥搅匀。

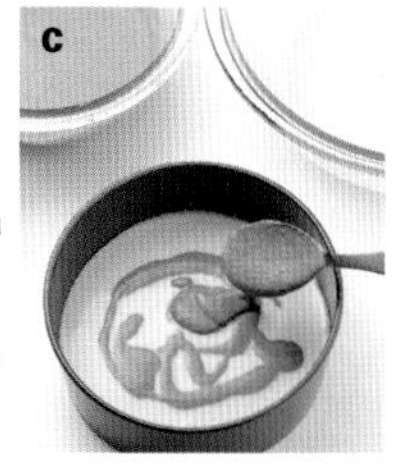

c 开始要倒入白色蛋糕糊，然后交替着倒入两种蛋糕糊。最后淋抹茶糊，做出的图案会很漂亮。

Original Japanese edition published in 2009 by SEKAI BUNKA PUBLISHING INC., Tokyo.

This Simplified Chinese language edition published by arrangement with SEKAI BUNKA PUBLISHING INC., Tokyo in care of Tuttle-Mori Agency, Inc., Tokyo

图书在版编目（CIP）数据

我爱芝士蛋糕 /（日）大森行子著；张倩，李瀛译. —沈阳：辽宁科学技术出版社，2014.2
ISBN 978-7-5381-8280-4

Ⅰ. ①我… Ⅱ. ①大… ②张… ③李… Ⅲ. ①蛋糕—糕点加工 Ⅳ. ①TS213.2

中国版本图书馆CIP数据核字（2013）第222156号

出版发行：辽宁科学技术出版社
（地址：沈阳市和平区十一纬路29号　邮编：110003）
印 刷 者：辽宁彩色图文印刷有限公司
经 销 者：各地新华书店
幅面尺寸：168mm × 236mm
印　　张：6
字　　数：60 千字
出版时间：2014 年 2 月第 1 版
印刷时间：2014 年 2 月第 1 次印刷
责任编辑：康　倩
封面设计：魔杰设计
版式设计：袁　舒
责任校对：唐丽萍

书　　号：ISBN 978-7-5381-8280-4
定　　价：28.00 元

投稿热线：024-23284367　987642119@qq.com
邮购热线：024-23284502
http://www.lnkj.com.cn